园林绿化
特色苗木繁育栽培技术与应用

◎ 张银霞 主编

中国农业科学技术出版社

图书在版编目（CIP）数据

园林绿化特色苗木繁育栽培技术与应用／张银霞主编 . --北京：
中国农业科学技术出版社，2021.7
ISBN 978-7-5116-5392-5

Ⅰ.①园… Ⅱ.①张… Ⅲ.①园林植物–观赏园艺 Ⅳ.①S688

中国版本图书馆 CIP 数据核字（2021）第 117596 号

责任编辑	崔改泵　马维玲
责任校对	贾海霞
责任印制	姜义伟　王思文

出 版 者	中国农业科学技术出版社
	北京市中关村南大街 12 号　邮编：100081
电　　话	（010）82109194（编辑室）　　（010）82109702（发行部）
	（010）82109702（读者服务部）
传　　真	（010）82109194
网　　址	http://www.castp.cn
经 销 者	各地新华书店
印 刷 者	北京建宏印刷有限公司
开　　本	170 mm×240 mm　1/16
印　　张	11.75
字　　数	250 千字
版　　次	2021 年 7 月第 1 版　2021 年 7 月第 1 次印刷
定　　价	88.00 元

前　言

　　城市园林绿化苗木在创造宜居的环境中扮演着非常重要的角色。在生态方面，绿化苗木主要表现为固碳、释放氧气、减少空气污染物、消减噪音、降低空气温度，为城市居民提供良好的生态环境。在社会和经济方面，具有美化城市环境和提供休闲康养的作用。近年来，我国在园林绿化苗木的引种繁育和生态适应性方面进行了大量研究，但在城市园林绿化中仍存在着一些问题，如一些城市绿化树木配置不够、数量较少，并且树种单一，种植园林树木的土壤没有彻底改良，土壤不够肥沃或是营养成分不足，导致一些绿化树木在生长过程中出现枯萎，甚至死亡。

　　本书较系统全面地介绍了园林绿化特色苗木繁育的基本原理、影响机理、栽培技术、研究成果和最新进展。内容包括园林绿化特色苗木的功用、产业发展及分类，苗圃的选择、规划与管理，特色苗木种子的采集、储藏与运输，特色苗木的播种、扦插、嫁接、分株、压条与抚育，苗木的移植、整形修剪、艺术造型和主要病虫草害防治，以及最新的特色苗木繁育技术和研究的最新动态。全书知识新颖，技术先进，方法实用，通俗易懂，可操作性强，对于搞好园林绿化特色苗木的繁育与栽培，推动园林和居住区的环境绿化建设，优化生态环境，具有指导作用。本书最后阐述了宁夏地区特色苗木的繁育和栽培技术。将宁夏地区园林观赏特色苗木重瓣榆叶梅、暴马丁香、黄花丁香、香荚蒾、忍冬的繁育与栽培技术及后期的管理做了详细的阐述，期望能够扩大园林特色苗木在城市园林绿化中的应用范围，服务城市生态建设。

　　在宁夏回族自治区成立 60 周年之际，习近平总书记专门题写了"建设美丽新宁夏　共圆伟大中国梦"的贺匾，寄予了宁夏各族人民最美好的祝愿和最殷切的期望。近些年，特别是党的十九大以来，宁夏大力实施生态立区战略，坚持保护和建设生态环境；随着经济社会的全面发展，人民生活水平日益提高，城镇化进程进一步加快，人们开始高度重视自身生活和居住环境的质量；为不断增进人民生态福祉，宁夏城镇园林绿化事业取得了突飞猛进的发展。建设和保护好天蓝、地绿、水美的生态环境，是"建设美丽新宁夏"的题中应有之义，也是宁夏"共圆伟大中国梦"的应尽之责。建设美丽新宁夏，必须深入贯彻落实习近平生态文明思想，必须大力践行绿水青山就是金山银山的理念，坚持生态保护第一的原则，把未来发展的重点放在"美丽"上，统筹山水林田湖草沙综合治理，实施好重大生态工程，努力还自然以宁静、和谐和美丽。城镇绿地建设要以绿色发展为主线，贯彻"绿色、高端、和谐、宜居"的发展理念，合理配置园林绿化树种，优化布局，保持物种多样性，绿化景观带建设上不仅要添绿更要添彩，创建园林精品，更好地反映城市特色。

　　本书撰写的过程是总结实践经验的过程，也是再学习和再教育的过程。由于作者知识水平有限，对园林绿化特色苗木的认识和研究比较粗浅，书中不足之处在所难免，恳请广大读者批评指正，以便进一步完善。

作　者

2021 年 3 月

目　　录

第一章 绪 论

绿色生态环境建设已成为各地城市绿化的主要内容，各城市也逐渐将建设绿色生态城市作为主要目标。目前，环境建设的步伐逐渐加快，大部分优秀的园林设计都十分重视人与自然的和谐相处。通过历史文化内涵的重现，因地制宜地进行植物配置，依据城市绿化树种自身的特点形成自然氛围，可以营造良好的植物群落，优化绿地植物群落结构，美化城市的环境空间。园林绿化在城市生态环境改善方面有较为重要的意义，同时绿化景观效果和艺术水平直接影响城市的市容市貌，直接与城市的生态文明建设相关。园林植物在其根本的生态需要基础上，更需要注重与周边城区环境的融合，因地制宜地营造自然生态景观，促进城市生态文明的建设，为居民创建生态园林城市。

第一节 园林特色观赏苗木概述

观赏苗木泛指一切可供观赏的木本植物，包括各种乔木、灌木、木质藤本和竹类。与一般树木相比，观赏苗木的作用不在造林或木材利用等方面，而更在其观赏价值上。观赏价值是多方面的，凡是冠形优美或独特、枝干雄伟或秀丽、枝叶鲜艳或多彩、花朵色相丰富而馥郁、果实诱人而挂果持久者都属观赏苗木的范畴。园林特色观赏苗木是指凡是其株形、叶、花、枝、果的任何部分具有观赏价值，专以审美为目的繁殖培育栽培的植物。因此，无论像百尺巨木，还是像紫金牛之类的矮小植株，只要是千姿百态，可观其枝叶、赏其花果，都可视为观赏苗木。

一、园林特色观赏苗木的特征

1. 色彩丰富

特色观赏苗木色彩的类型和格调主要取决于叶、花、果、枝干的颜色。

而叶色的变化取决于叶片内的叶绿素、叶黄素、类胡萝卜素、花青素等色素的变化，同时还受叶片对光线的吸收和反射差异的影响，这样可以看到基本的叶色，即绿色，受树种及光线的影响，可以看到墨绿、深绿、油绿、亮绿等不同程度的绿色，且会随着季节发生变化；除绿色外，也有其他叶色，如颜色没有季节性变化的常色叶类的紫色、黄色，也有随着季节的变化而变化的季节色叶类。同样，枝干的颜色也有多种，会引起人们极大的观赏兴趣，如红色的红瑞木、山桃，黄色的黄金嵌碧玉竹，这些具有特色颜色枝干的观赏苗木，若配合冬春雪景，效果定当显著。还有花色，即花被或花冠的颜色，同样与花青素及光线有着密切的关系，可以将其群植或丛植以发挥其群体美或立体美。

2. 形态多样

特色观赏苗木的形态是其外形轮廓、姿态、大小、质地、结构等的综合体现。给人以大小、高矮、轻重等比例尺度的感觉，是一种造型美，可以是自然的体现，也可以是人为造型，在园林应用过程中是不可分割的一个部分。其多样性体现主要是通过树形来完成的，观赏苗木常见树形有圆球形、垂枝形、披散型、藤蔓型等。

3. 芳香独特

常见的香花苗木很多种，其香味来源于花器官内的油脂类或其他复杂的化学物质，随着花朵的开放分解为挥发性的芳香油，刺激观赏者的嗅觉，产生愉快的感觉，如茉莉的清香，桂花、含笑的甜香，白兰花的浓香，玉兰的淡香，尤其在特殊花园或观赏景观的建设和生态林的营建中具有十分积极的作用。

4. 观赏苗木的感应

观赏苗木给人的印象不仅仅是局限于色彩、形态等外形的直感，其对于环境的反应同样可以使观赏者获得感官或心理上的满足感。当日光直射叶片，叶片的光亮、角质层或蜡质层就会产生一定的反光效果，可以使得景物更加迷人；观赏苗木的枝叶受风雨的作用，不同的声响，也可加强或渲染园林的氛围，令人沉思，引人遐想，随着风雨摇曳，姿态变化万千，给人以流动的美感；灌木些许的阴影既能烘托局部的气氛，也能增加观赏情趣，又何乐而不为呢？此外，观赏苗木是花卉的重要组成部分。目前国内的花卉产业主要包括观赏苗木、鲜切花、盆栽观赏植物（盆景、盆花、观叶植物）和草坪草等，同时还包括药用、食用及工业用花卉等。其中，观赏苗木占有着相当大的比例，是当前我国花卉产业的主体内容。

二、园林观赏特色苗木的功用与效益

1. 改善城市环境

园林观赏苗木可以蒸腾吸热、吸污滞尘、减菌减噪，具有景观功能，能够改善城市的环境因子，净化城市环境，降低城市中的污染。树木能够减少热辐射，降低温度，有研究表明，绿色植物能够吸收80%～85%的太阳光转化成热能，通过水分蒸腾作用改善湿度。园林植物还能够减弱噪声，将声音反射到各个方向变为动能与热能，减弱声音，降低噪声污染。此外，园林植物叶子表面的绒毛可以分泌油脂吸附大量粉尘，有着提升城市环境质量的重要作用。

2. 保护生态环境

园林植物不仅能够改善环境因子，更能保护环境。树冠和植物地被的截流、吸收以及土壤的渗透作用能够减少地表径流量并减缓流速，从而达到涵养水源、保持水土的目的。此外，园林植物还能够防风固沙，降低风速，防止火灾蔓延，植物强大的蒸腾作用也能够缓解城市的热岛效应，达到防暑降温的功效。因此，城市园林通过功能性植物的配置，不但能够实现植物的美化作用，而且能够实现植物的多种防护作用，进而达到保护生态环境的作用。

3. 提升生活质量

园林植物有利于改善空气质量，吸收空气中的有毒气体，部分植物还能够分泌杀菌素。园林植物不仅能够提升城市植被的生态功能，更能够为城市居民带来良好的审美享受，营造良好的观赏艺术效果。此外，城市中工厂机器噪音、汽车鸣笛等噪音较多，直接影响居民的生活和心情，而茂密的植物能够吸收城市中的噪音，提升城市居民的生活情趣与休憩游玩空间，为城市居民的精神文明建设创造良好的环境氛围，提升了市民的整体生活质量，创设园林宜居城市。

4. 保持生态系统平衡

植物多样性能够加快各植物的生长速度，这是植物在良性架构下的生长需要，多种园林植物的配置能够创建一个特有的生态系统，使城市整体的生态系统平衡。通过多种植物之间的相互作用，调节彼此需要的养料、光照和水分，利用相互之间的竞争和适应创造稳定和谐的小型群体。多样化的植物群落能够获得最优的生存状态，调节园林气候，净化空气，平衡生态群落之间的关系，改善环境的污染问题，最大限度地保持生态系统的平衡。

5. 维持生态气候

园林植物的增加能够使区段内小气候调整至最佳状态，据相关调研结果发现，更广阔的绿地能降低人们在酷暑状态下中暑的概率。园林植物能调控四季的气候，防止城市遭受严寒酷暑的侵袭，缓解城市经济快速发展带来的热岛效应。园林植物所组成的城市绿地是鸟类等动物的多样性保护的重要场所，能够维持城市的生态平衡。因此，通过重建生态园林的手段能够调和环境气候，提高城市的宜居性，改善城市整体生态效益，维持城市的生态气候。

第二节　园林观赏特色苗木产业的发展

一、国外观赏特色苗木产业的发展

目前国外发达国家的育苗水平较高，苗木科技含量较高，人员素质较高，我国在育苗管理技术、科研投入及苗木质量等各方面与之相比都有很大的差距。以美国和荷兰为例，对发达国家苗木产业的现状进行阐述。

1. 美国的观赏苗木产业现状

美国是世界上最大的苗木和温室作物的生产商和市场。由于住宅建设持续增长和花园种植的狂热，2003 年美国的苗木产业总销售量超过了 100 亿美元。苗木产业在美国的国民经济中占有重要的地位，苗木和温室作物在 27 个州的农产品排行榜中名列前 5 名。美国苗木生产量最大的 8 个州分别是佛罗里达州、俄勒冈州、加利福尼亚州、卡罗来纳州、宾夕法尼亚州、纽约州、爱荷华州和密歇根州。

（1）美国苗圃的规模。

①小型苗圃：小型苗圃大约在 10 英亩（约 4 hm²）以下。许多经营者，白天在别处上班，利用晚间以及周末休假日等业余时间来照顾苗圃。平时雇用 1~2 名工人，或在农忙时雇一些临时工，也有一些退休人员从事此行业。这些小型苗圃一般都无良好的规划，种植场较乱，品种多，质量不高，完全是业余行为。

②中型苗圃：中型苗圃为 10~100 英亩（4~40 hm²），规划较好，有专职管理与生产人员。这些苗圃多为半专业行为。大多是年轻的上班人员先利用业余时间从小型苗圃开始经营，等到规模够大时再辞职来专门从事苗圃业。这些苗圃所种的苗木比较专一，乔木与灌木基本分开生产。

③大型苗圃公司：在美国，面积在 100 英亩（约 40 hm²）以上的苗圃算是大型苗圃。而大型的苗圃公司一般有多个分场，总面积往往超过 1 000 英亩（约 400 hm²）。在美国，大型苗圃公司很多，也最具代表性，代表美国苗圃的发展潮流。大型苗圃不仅仅是一个单一的苗圃，而是在全美各地有多个连锁苗圃，如北方的和西部的有分场，东南部的有分场，佛罗里达州有分场。大型苗圃非常产业化，除了专职的管理与生产人员外，还有很多专职的营销人员，乔木、灌木完全分开生产。灌木分观花、绿篱、观叶植物，乔木也分为落叶与常绿树种。

（2）美国观赏苗木的生产方式。在美国，按生产方式的不同，一般把苗圃苗木分成 3 种。

①地栽土球苗：凡是把苗木种在土中，移栽时挖起，运走再栽植的苗木生产方式，在美国统称为裸根种植法。要出售或施工时，用人工或机器把树苗挖出，再用一种类似于无纺布的材料包裹起来。

②机械裸栽苗：现在较常用的方式是用挖树机把树挖起，直接运到工地，再挖一个洞把树种下。由于苗木的土块一直在挖树机的挖勺内，土块并没有受到破坏，树的成活率高，生产效率也非常高，其缺点是设备投资较高。

③容器栽培苗：容器栽培于 20 世纪 50 年代后期开始流行，有些苗圃经营者开始把树苗种在铁罐中，这些铁、锡罐在当时大部分是消费后剩下的用来装奶粉、咖啡等食品罐子。在 1960 年以后，塑胶业逐渐发达起来，胶盆逐渐替代了铁锡罐。由于需求量的稳步增长，就有了专业的公司开始开发生产苗木专用的塑胶容器。因为大规格的容器树苗要用机械来搬运，所以经营者也发明了许多省工机械与运送方法。

现在美国的苗圃，三者之间的比例为容器栽培苗占 70 %～75 %，机械裸栽苗占 15 %～20 %，地栽土球苗占 10 %～15 %。在南方，容器栽培的比例较高，北方地栽土球苗或机械裸栽苗的比例较高。在北方，因容器内介质的保暖性远不如土地好，露地过冬反而不如地栽苗，如果采用容器栽培，就必须要有塑料大棚等可保暖加温的设施，以保护苗木根部不受冻害或风吹失水。

2. 荷兰观赏苗木产业的现状

在欧洲，荷兰是一个林业小国，森林总面积仅有 33 万 hm²，占全国国土总面积的 7.9 %，相当于中国一个中等县。但是，荷兰的苗木产业却十分发达，2002 年产值近 12 亿荷兰盾（约合 50 亿元人民币）。其中大约 35 %

在国内销售，65％出口到世界70多个国家。1998年，荷兰以9.3亿荷兰盾（约38.8亿元人民币）的出口额，名列世界各国林木种苗产品出口额的首位。

最近10年，荷兰的苗木栽培又有了很大的发展。全国共增加了大约1 000名苗木栽培工作者，苗圃面积也增加了大约4 000 hm²，10年间，苗木产值增加了60％。目前，大约有5 000名苗木工作者活跃在1.2万 hm²的苗圃中。

荷兰的苗木业以品种齐全而闻名，整个荷兰培育的苗木大约有2.5万个种和品种，从原始材料到成品大苗，各种规格的产品应有尽有。荷兰的种植商们几乎可以满足世界各地客户提出的各种需求。也正因为如此，荷兰成了世界苗木第一出口大国。荷兰的苗木生产主要面对2个市场：庭院绿化和市政绿化。在苗木市场上，庭院绿化用苗约占整个市场份额的55％，城市绿化用苗占45％。

荷兰的苗圃集中分布在几个地区，每个地区都有自己的特色产品，以博斯科普为中心，形成荷兰第一大苗木生产基地，主要生产针叶树、观赏性灌木和攀缘植物。荷兰的东北部生产的苗木主要是玫瑰等林下植物。在津德尔特周边地区，主要培植绿化苗木、观赏性灌木和针叶树。东不拉和林堡则以培育玫瑰和果树出名。弗莱福兰是果树和林木树苗的重点产区。位于雷顿和哈勒姆之间的北海之滨，是荷兰著名的球根花卉生产区。

荷兰苗木在国际上获得了很大成功，是基于几个重要因素的组合，即组织、知识、分销、服务、促销和品种。荷兰的苗木生产商和销售商联合起来，共同聚集在荷兰树木栽培联合会的旗帜之下。这个组织有力地维护了种苗企业的利益。在荷兰树木栽培联合会的指导协调下，生产商与销售商一直保持密切的接触，双方为栽培技术和市场调查、信息及促销活动共同投资，确保自己在市场上立于不败之地。除了组织上的支撑，生产商栽培苗木的专业知识也是他们取得成功的重要因素。荷兰种苗生产者的专业知识和技能来自几个世纪的长期积累。此外，荷兰的苗木市场分工十分专业，生产商一般不从事销售活动，销售商一般不直接进行苗木生产，这样就能使双方都能集中精力研究自己领域的技术问题，从而保证栽培者都有很高的专业水准。

对于荷兰这样的苗木出口大国来说，一个有效的分销结构和优化的信息设施是十分重要的成功要素。所以，荷兰在生产和销售的各个环节，都应用了大量的先进科学技术，以保证苗木运送到客户手中时仍完好如初。荷兰的苗木企业具有很强的服务意识，这种意识表现在他们对产品质量的高度重视上。荷兰的所有苗木产品都要经过一个独立组织的严格检查，确保产品质量。当然，良好的促销活动和规格齐全的苗木品种也是荷兰苗木业成功的重要因素。除了以企业为单位开展产品促销外，早在1952年，荷兰的苗木生产商和种植商们就创建了专门进行苗木促销的组织——荷兰植物公关协会，每年在国内外进行荷兰种苗的整体促销活动。

3. 发达国家苗木产业的现状特点

从美国和荷兰的苗木产业现状可以看出，目前发达国家的苗木产业主要有以下5个特点。一是苗圃建设大型化。世界各国在苗圃建设的规模上有向大型化方向发展的趋势，苗圃数量相对减少，而苗圃育苗规模逐步增加。一些苗木产业先进的国家普遍认为，只有建立大型苗圃，才有条件实现育苗作业机械化，才能有效地应用现代化的育苗技术，降低育苗成本，提高经济效益。二是育苗作业集约化。苗圃经营水平较高的国家，从苗圃整地、作床、播种、苗期管理到起苗、包装、运输等全部过程均实现了机械化作业。此外，还采用许多先进育苗技术，如土地熏蒸消毒技术、除草剂灭草技术、播种后床面覆盖技术、苗木截根技术等。电脑在苗圃中的应用也十分普遍，从气象与物候观测、灌溉、施肥以及病虫害防治设施的自动化控制，到苗圃的技术档案管理等都已实现自动化。三是容器育苗工厂化。巴西、瑞典、挪威等国家以上的苗圃都实现了工厂化容器育苗。四是苗木生产标准化。苗木质量管理深入到育苗的各个环节，每个阶段都有相应的质量标准。五是从业人员专业化。苗圃主任一般是博士或硕士毕业，大多是生产和管理的复合型人才，每公顷地有一位管理人员就足够了。

二、我国园林观赏特色苗木业的发展

1. 我国园林绿化苗木业的发展现状

我国幅员辽阔，地跨热带、亚热带、温带等多个气候带，自然资源的密集程度影响着资源性产业的成长。园林绿化苗木业生产的商品是鲜活的植物材料，其对种质资源的依赖性比较强，而且受气候环境的影响也比较大。因此，园林绿化苗木产业是属于对种质资源和环境条件依赖性大的产业。我国是一个农业大国，有着丰富的观赏植物种质资源，气候类型和种质资源的多样性为我国发展园林绿化苗木产业提供了有利的前提条件，并且种植业历史悠久，是世界温带国家和地区中观赏植物种质资源多样性最突出的国家。

我国有数千种植物应用于世界各国的园林中，在世界的城市园林绿化中，中国的观赏植物一直发挥着重要的作用，对世界的园林绿化事业做出了重要的贡献。园林绿化苗木业的核心技术是园艺技术,由于生产的多样性和植物本身的特点,要求劳动密集。我国发展园林绿化苗木产业的优势是我国劳动力资源丰富,劳动力成本与发达国家相比较低,这为我国园林绿化苗木产业保留了一定的时间与空间。随着我国经济的快速增长,人民物质文化生活水平日益提高,城市化进程不断加快,绿化美化、改善生态环境越来越受到人们的关注。近年来,园林绿化苗木生产规模扩大非常迅速,有些地方甚至是以几何基数增长。全国各地在城市绿化美化、通道绿化、农田林带林网、村镇环境整治以及林业重点工程建设方面取得了一定的成效,促进了园林绿化苗木产业的发展。

随着国家对生态环境建设的高度重视和农业产业结构的调整,园林绿化苗木生产的经营主体过去主要是以国营苗圃为主,转向国有、集体、个体共同参与。苗圃市场的竞争已演化为规模和技术的竞争。国家的宏观决策是园林绿化苗木产业发展的原动力,大型私营园林绿化苗木企业的出现,使我国的园林绿化苗木行业出现"资本+技术"的企业运营模式,为园林绿化苗木行业提供了宝贵的经验,为促进园林绿化苗木产业生产技术、品种更新提供了动力。但同时我们也看到,与世界上其他园林绿化苗木产业发达国家相比,我国园林绿化苗木产业还有很大的差距,在产业发展过程中的各种条件及支撑体系还不健全。

总之,生态建设的主要载体就是绿化,园林绿化苗木是城市绿化的物质基础,苗木的质量是绿化效果好坏的关键因素,采取切实可行的对策,促进产业向商品化、专业化、规模化转变,对加快我国园林绿化苗木产业的持续、快速和健康发展具有重要的现实意义。

2. 我国苗木产业的现状特点

(1)区域特征明显,产品结构地区差异较大。目前我国绿化苗木生产面积较大的有浙江、江苏、山东、河南、河北、广东、湖南、湖北、辽宁、四川等省,部分专家学者把我国的苗木市场分为3个较大的产销中心:一是以长江三角洲为主要市场的江浙地区;二是以京津为主要市场的豫冀鲁地区;三是以珠江三角洲为主要市场的两广地区。因气候、资源和区位市场条件的差异,各地苗木品种结构存在很大的区别。河北、山东和河南等长江以北省份的育苗面积中,生态造林苗木的比例占绝大多数;南方省份树种相对丰富,城市绿化和四旁植树等园林苗木比例较高。总体上讲,北方多数省份以杨柳槐为主,南方省份各有特色;如江苏以雪松、广玉兰、龙柏、小檗等为主,浙江以黄杨、桂花、杜鹃、红枫、金叶女贞和木兰科等树种见长,广东重点发展热带树种，各地都根据自身优势发展绿化苗木产业。

（2）生产规模持续扩大。由于生态环境建设和城乡绿化的发展，以及农村调整产业结构等刺激因素作用，近些年来苗木生产规模扩大非常迅速。新建的苗圃主要集中在大、中城市周边、著名苗木之乡附近和启动"林业六大工程"带动的西部省区。调查我国三大苗木主产区（县）发现：2003年年底，浙江萧山、江苏沭阳和河南鄢陵的花卉苗木种植面积分别已经达到1万hm^2、2万hm^2和2.4万hm^2，分别实现产值10.75亿元、20亿元和11.2亿元。国家林业局对1999年到2001年苗圃面积增长量和存苗增长量进行了对比：1999年全国育苗面积比上年增长12.06％，存苗量增长11.77％，基本上是同步增长；2000年育苗面积增长24.86％，存苗量增长15.37％，存苗量增长低于面积增长9个百分点；2001年育苗面积增长36.05％，存苗量增长7.34％，存苗量增长低于面积增长29个百分点。存苗量增长比率低于面积增长比率，说明苗圃单位面积的存苗量减少了，这可以推断苗圃在培育大规格苗木，增值的面积中相当一部分是移栽的小苗，而不是新育的小苗。这种状况和市场上大规格苗木连年增长的需求是吻合的。

（3）生产经营主体呈多元化变化趋势。随着国家对生态环境建设重视的提高和农业产业结构的调整，苗木生产格局发生了根本性的转变。苗木生产的经营主体由过去的以国有苗圃为主，转向国有、集体、个体共同参与，而且社会参与苗木生产的比例不断提高。大量民间资本的投入成为促进苗木产业生产格局改变、苗木品种更新、生产技术革新的最大动力。国家林业局的统计数字表明：个体苗圃的比率从1998年的45.5％提高到2001年的53.7％。浙江2002年全省私营企业和个体育苗面积占59.1％；河南非公有制苗圃育苗面积占总面积的85.5％；北京民营个体苗圃面积占总面积的67％；山东民营企业和个人育苗已达45 059处，占总处数的97％，育苗面积7.22万hm^2，占总面积的81％。

第三节　园林观赏特色苗木的分类

一、按观赏植物的习性

园林观赏特色苗木按观赏植物的习性可分为乔木、灌木、藤本和草本四大类。

1. 乔木

乔木指个体高大、枝下高较长、有明显的主干的植物，如雪松、南洋杉、水杉、银杏、广玉兰、马褂木等。

2. 灌木

灌木指个体低矮、主干不明显，分枝很低，常呈丛生状。如紫玉兰、南天竹、紫荆、棣棠、迎春、金钟花、锦带花、锦鸡儿等。

3. 藤本

藤本指木质化程度低，植物体一般不能直立，常用自身缠绕其他物体上升，或产生不定根，茎卷须依附其他物体上升的植物。如葡萄、爬山虎、络石、常春藤、紫藤、凌霄等。也有匍匐的干、枝平铺地面而生，如铺地柏等。

4. 草本

草本指植物茎是草质茎，柔软多汁，木质化程度不高。按其生活周期，可分为二年生草本，如飞燕草、金鱼草、百日草等；宿根，如芍药、菊花等。

二、按观赏植物的观赏特性

1. 形状观赏类

植株形状美丽而具有高度观赏价值的。如雪松、南洋杉、龙柏、金钱松等。

2. 干形观赏类

如龙桑、龙爪槐、龙爪柳、龙游梅、佛肚竹、光棍树、虎刺梅、山影拳、珊瑚树等。

3. 观叶类

如叶形奇特或叶色艳丽，极富观赏价值，如银杏、棕榈、洒金东瀛珊瑚、鸡爪槭、枫香、黄栌、金心黄杨、龟背竹、变色木、彩叶草等。

4. 观花类

这类植物具有千姿百态的花彩、或五彩缤纷的花色，或浓郁袭人的花香，如梅花、牡丹、山茶、杜鹃、桃花、月季、蜡梅、玫瑰、含笑、白兰花等。

5. 观果类

这类植物具有色泽艳丽、果形奇丽、果味芳香的果实，如南天竹、冬珊瑚、金橘、石榴、佛手、代代橘、五色辣椒。

第二章 园林特色苗木苗圃地的选择与建立

第一节 园林苗圃地的种类和特点

一、园林苗圃的概念及任务

园林苗圃是指专门为园林绿化定向繁殖和培育各种各样的优质绿化材料的基地,是城市园林绿化的重要基础。园林苗圃可以通过培育苗木,引种、驯化苗木,以及推广苗木等推动城市园林绿化的发展。同时,园林苗圃本身也是城市绿地系统的一部分,具有公园功能,可形成亮丽的风景线,丰富城市园林绿化功能。园林苗圃在城市园林绿化、美化和环境保护中具有非常突出的重要地位和作用。其任务是用先进的科学技术,在较短的时间内,以较低的成本,根据市场需求,培育各种类型、各种规格、各种用途的优质苗木,以满足城乡绿化所需。

二、园林苗圃的类型及其特点

1. 按园林苗圃面积划分

按照园林苗圃面积的大小,可划分为大型苗圃、中型苗圃和小型苗圃。

(1)大型苗圃。大型苗圃面积在 20 hm² 以上。生产的苗木种类齐全,如乔木和花灌木大苗、露地草本花卉、地被植物和草坪,拥有先进设施和大型机械设备,技术力量强,常承担一定的科研和开发任务,生产技术和管理水平高,生产经营期限长。

(2)中型苗圃。中型苗圃面积为 3~20 hm²。生产苗木种类多,设施先进,生产技术和管理水平较高,生产经营期限长。

(3)小型苗圃。小型苗圃面积为 3 hm² 以下。生产苗木种类较少,规格单一,经营期限不固定,往往随市场需求变化而更换生产苗木种类。

2. 按园林苗圃所在位置划分

按照园林苗圃所在位置可划分为城市苗圃和乡村苗圃（苗木基地）。

（1）城市苗圃。城市苗圃位于市区或郊区，能够就近供应所在城市绿化用苗，运输方便，且苗木适应性强，成活率高，适宜生产珍贵的和不耐移植的苗木，以及露地花卉和节日摆放用盆花。

（2）乡村苗圃（苗木基地）。乡村苗圃（苗木基地）是随着城市土地资源紧缺和城市绿化建设迅速发展而形成的新类型，现已成为供应城市绿化建设用苗的重要来源。由于土地成本和劳动力成本低，适宜生产城市绿化用量较大的苗木，如绿篱苗木、花灌木大苗、行道树大苗等。

3. 按园林苗圃育苗种类划分

按照园林苗圃育苗种类可划分为专类苗圃、综合苗圃和观光苗圃。

（1）专类苗圃。专类苗圃面积较小，生产苗木种类单一。有的只培育一种或少数几种要求特殊培育措施的苗木，如专门生产果树嫁接苗、月季嫁接苗等；有的专门从事某一类苗木生产，如针叶树苗木、棕榈苗木等；有的专门利用组织培养技术生产组培苗等。

（2）综合苗圃。综合苗圃多为大、中型苗圃，生产的苗木种类齐全，规格多样化，设施先进，生产技术和管理水平较高，经营期限长，技术力量强，往往将引种试验与开发工作纳入其生产经营范围。

（3）观光苗圃。观光苗圃是在园林苗圃最基本的苗木生产功能基础之上，融合了城市公园的游览功能，植物园的科普教育功能，实验基地的科研功能，城市绿带的防护功能，森林公园的休闲娱乐功能，结合社会、经济、生态三方面效益的综合性场所。

4. 按园林苗圃经营期限划分

按照园林苗圃经营期限可划分为固定苗圃和临时苗圃。

（1）固定苗圃。固定苗圃规划建设使用年限通常在 10 年以上，面积较大，生产苗木种类较多，机械化程度较高，设施先进。大、中型苗圃一般都是固定苗圃。

（2）临时苗圃。临时苗圃通常是在接受大批量育苗合同订单，需要扩大育苗生产用地面积时设置的苗圃。经营期限仅限于完成合同任务，以后往往不再继续生产经营园林苗木。

三、园林苗圃的发展特点

当今社会随着生活水平的不断提升，人们更加注重品质生活，园林苗圃作为城市景观绿化的基础资源支撑，在当前社会不断发展进步的过程中，必须要将眼光放眼于未来，积极开展园林苗圃发展转型，朝着标准化、集约化、专业化、规模化的趋势转变。园林苗圃应该践行"以人为本、服务为民"的发展理念，切实通过转型发展的形式，为社会造福、展现出园林苗圃的可持续发展动力。

1. 传统苗圃的发展特点

（1）产业形式较为单一。传统园林苗圃产业形式非常单一，园林苗圃将全部的精力都致力于苗木种植、苗木管理、苗木销售等"单一苗木产业"。在我国社会不断发展的当下，我国政府更加提倡"农业多元化"发展。但是很多园林苗圃承担着园林工程建设的社会职能，在责任和传统观念的影响下，很多园林苗圃单位，往往忽视了对其他产业的发展，更加重视传统苗木产业的经营发展。虽然单一的产业形势能够有效强化苗木质量，但是很难满足当前农业发展趋势、很难实现园林苗圃单位经济效益最大化。

（2）园林苗圃经营管理机制落后。当前很多园林苗圃单位都是十几年甚至数十年的老单位，长期以来已经存在一套适合园林苗圃单位自身的管理经营模式。在传统管理经营观念、管理经营模式的影响下，导致园林苗圃自身的创新意识相对落后，很难结合社会当前发展趋势，积极科学的开展创新发展。此外，当前很多园林苗圃单位的苗木品种多而杂，缺少精品苗木、特色苗木，很难与市场经济发展趋势紧密结合，无法实现园林苗圃单位经济效益最大化，甚至出现收入与经营成本倒挂这一严重问题。

2. 当代园林苗圃转型与发展

（1）强化园林苗圃基础建设，强化育苗质量。园林苗圃无论如何发展，都不能放弃育苗质量。逐步完善、强化园林苗圃基础设施建设，营造出良好的园林苗圃条件氛围。构建出园林苗圃沃土工程，大力改革园林苗圃的土壤结构，全面强化园林苗圃的育苗生产力。此外，还应该积极使用有机肥，定期开展园林苗圃土壤化验，做到科学施肥。利用信息化技术开展苗木生长环境监测，随时随地把控苗木生长的实际情况。全面更新基础设施，针对老旧、损坏的基础设置践行更换，建设科学的排灌系统，在节约自然资源的基础上，有效保障灌溉效率、节约水资源，并保障旱能灌、涝能排的需求。结合园林苗圃的自然生态特点，全面把控当前社会园林建设、绿色建设的要求，积极培育优良苗木品种，并且构建出"特色优良苗木培育基地"，展现出园林苗圃的优势与特点，培育特色苗木品种，提升园林苗圃社会知名度。

（2）全面寻求发展扶持，推动园林苗圃转型。在我国"生态农业""农业生产经营转型"政策的积极倡导之下园林苗圃转型发展应该积极探寻多方面力量的扶持，来开展传统园林苗圃产业升级与转型，构建出与都市型生态高效农业相契合的农业发展经营策略。积极寻求政府部门的政策支持，在政府部门的引导和带领之下，进行园林苗圃转型。此外，还应该积极开展股份制改革，通过多途径融资的形式，为园林苗圃转型与发展建设打下良好的资金保障。构建出"苗木、生态旅游、生态果蔬、绿色渔业、生态花卉"等多元化产业相结合的园林苗圃发展经营模式。在政府政策的引导下、融资资金的支撑下，为园林生态建设提供土地、规划、基础建设、产业功能定位、资金等诸多层面的基础保障。

（3）合理开展园林苗圃规划，展现出产业特色。在开展园林苗圃转型发展时，首先，必须要结合本园林苗圃自身的特点，因地制宜地在原有园林苗圃的基础上，科学合理开展建设，以便于减少人工支出，最大程度利用原有园林苗圃资源。发挥出自然环境的优势，在园林苗圃当中设置园林景点，在节省投资的同时，展现出独特的园林风情。适当开展"生态旅游业"，适当完善相关的基础设施配置，利用山体、山顶、山坡等场地开展园林景观构建，真正做到因地制宜、适度开发。其次，转变传统园林苗圃经营管理机制。将园林苗圃走向企业化、标准化、市场化管理运作形式。在经营模式当中，需要采取多元化产业发展模式，在保障园林苗圃生产的基础上，开展"自然生态采摘、观光娱乐"等产业建设。采取自营、租赁、合作、承包等诸多的经营形式，适当开展招商引资、融资的形式，为园林苗圃转型打下良好资金支撑。最后，严格按照"生态多样性"原则，在保障原本生态不变的基础上，多元化开展经营产业，构建出"生态园系统"。既要保障园林苗圃的美观性，还要保障园林苗圃的自然生态性、娱乐性、休闲性。充分展现出园林苗圃自身的优势，回归自然、亲近自然。合理搭配园林苗圃和花卉的功能，挖掘园林苗圃优势和观光欣赏优势。适当增设娱乐项目、休闲功能。积极举办"园林艺术交流会、花卉果蔬展览会"的形式，全面增加园林学术交流，展现出园林苗圃转型发展科学性。

总而言之，当前国家积极鼓励发展绿色农业，园林苗圃承担着建设生态文明社会的重任，为了更好地服务社会、服务人民，园林苗圃必须要在不断强化自身园林苗圃技术的基础上，从管理层次进行发展创新。结合当前社会发展趋势，及时发展与社会发展相适应的园林苗圃管理观念与手段，融入具备创新发展性的全新管理观念，为园林苗圃带来更大的发展活力。结合苗圃自身实际情况，强化园林苗圃基础建设、强化育苗质量。在合理开展园林苗圃规划的基础上，全面寻求发展扶持，推动园林苗圃转型发展。

第二节　园林苗圃地合理布局的原则

一、园林苗圃的合理布局

建立园林苗圃应对苗圃的数量、位置、面积进行科学规划，规划应注意有利于苗木培育、有利于绿化、有利于职工生活的原则。《城市园林育苗技术规程》规定，园林苗圃距市中心不超过 20 km。园林苗圃应分布在城市的周围，可就近供应苗木，缩短运输距离，降低成本，减轻因运输距离过长给苗木带来的不利影响。大城市通常在市郊设立多个苗圃，中、小城市主要考虑在城市重点发展的方位设立大、中、小不同规模的园林苗圃。

二、建立园林苗圃的条件

1. 地理位置

园林苗圃地要选择在交通运输方便，靠近城镇居民点附近的地方。如省道、国道旁，郊区农业用地或荒山，既能保证电力的正常供应，劳动力、技术管理的投入，又能缩短苗圃地与城镇运输距离，降低成本，提高绿化成活率。尤其对培育大规格的移植苗木，要使用 5~8 t 的吊车装卸，交通方便与否是极为重要的。

2. 地形条件

农用地建苗圃，地形地势开阔、不复杂，对苗木生长无多大影响。而山地地形复杂，影响苗木生长。要求山地坡度为 1°~3°，最大坡度不超过5°，以防止水土流失，降低土壤肥力。要求有适合不同生态学特性苗木的坡向。如阳坡（即南坡、西坡、西南坡）培育阳性树种的苗木，半阳坡培育中性树种的苗木，阴坡培育较耐阴的苗木。或者幼小耐阴放在阴坡培育，然后移植到阳坡。据不同苗龄所需光照的要求进行适当调整，保证发挥苗木立地的最大生产潜力。选择有利苗木生长的小地形条件，建立苗圃。对低洼积水地，过水地，两山夹沟光照很弱的谷地，风害严重的风口处，雨季易发生的山洪和泥沙堆积地，山地易发生滑坡、崩塌的地段都不宜选为苗圃地。

3. 土壤条件

土壤条件是苗木生长所需的水、肥、气、热的场所，直接影响苗木生产的质量、产量。尤其对苗木根系生长的影响最大,进而影响苗木商品的价值。因此,建立苗圃地,要求土壤结构和质地良好。土壤深厚肥沃、疏松透水,降雨地表径流少,灌溉渗水均匀,保水保肥力强,通气性良好,起挖苗木时能带好土团。一般选择沙质壤土、壤土、轻黏壤土建立苗圃地。土壤的酸碱度 pH 值制约着苗木生长,不同种类的苗木,适应土壤 pH 值的能力不同。对于南方立地条件,农业用地一般是中性偏酸,山地有酸性土壤,微酸性土壤,中性土壤,微碱性土壤,一般来说,对土壤 pH 值越敏感的苗木,其 pH 值的适应范围越窄。土壤的酸碱度就决定了苗木种类的培育。

4. 水源条件

山地苗圃,干旱灌溉要方便;农用地苗圃,雨季排水要方便,农用地若排水不畅,势必抬高土壤地下水位。土壤地下水位不宜过高,以免影响起苗时根系涝渍。郊区建苗圃要防止城市废水对苗木的毒害。

5. 病虫害防治

在育苗生产过程中,往往由于病虫害的危害,造成很大损失。因此在选择苗圃用地时,要做专门的病虫害调查工作。尤其要查清蛴螬、地老虎、蝼蛄等主要地下害虫和立枯病、根癌病等菌类感染的程度。如果为害严重,应在建立苗圃之前,采取有效措施加以根除,以防病虫害继续扩展和蔓延,否则不宜选作苗圃地。

三、园林苗圃的面积

园林苗圃的规模一般依所占土地面积的多少来划分。一般大型苗圃功能齐全,投资多,产量大,可作为主导苗圃;小型苗圃投资少,建设周期短,可重点培育某些苗木。各城市各绿化公司及各企事业单位可以根据实际情况和需要,合理安排大、中、小型苗圃的位置和面积。具体到城市的某一苗圃的面积应该是多少,应根据城市规划该苗圃所负担的任务(种或品种及育苗量)决定。按照它所培育树种(或品种)的数量,每个树种(或品种)培育的年限,从播种(或扦插等)育苗开始,直至移植、出圃,分别计算每年所需占用的土地面积,所得每年用地面积之和为培育该树种(或品种)的占地面积。将各个树种(或品种)占地面积相加可得总的育苗面积(即苗木生产用地面积)。但是,为了保证苗木质量和数量,防止各类自然灾害及不能预测的各类损失,通常是以增加计划产苗量的 5% 为实际执行的产苗量,为此,育苗面积应相应地增加 5%。当然,如实行轮作,则应相应地增加休闲或做他用的土地面积。

1. 园林苗圃面积的组成

园林苗圃总面积，包括生产用地和辅助用地2个部分。各面积大小取决于生产经营计划或造林任务的大小。

（1）生产用地。生产用地是指直接用于培育苗木的土地，包括播种繁殖区、营养繁殖区、苗木移植区、大苗培育区、设施育苗区、采种母树区、引种驯化区等所占用的土地及暂时未使用的轮作休闲地。对于一些有条件的苗圃，还应设置展览区。该区是苗圃中最有特色的生产小区，它通过有目的、有重点地向参观者和客商展示该苗圃生产经营水平和生产产品的特色，以起到宣传、推销自身产品的目的。一般能作为展览区陈列的产品和技术，都能代表该苗圃的特色和优势，是那些难以培育的品种，或是引进和自育成功的新品种。展示区的苗木应管理精细，生长健壮，无病虫害。区内还可以栽植一些花草和园林小品，营造出一种良好的视觉景观效果，以吸引客商和参观者。生产用地是一个苗圃的主要用地，其面积应占苗圃总面积的75%~85%。这个比例还因苗圃的类型不同，面积相应进行调整，一般大型苗圃生产用地相应要大一些。

（2）辅助用地。辅助用地又称非生产用地，是指苗圃的管理区建筑用地和苗圃道路、排灌系统、防护林带、晾晒场、积肥场及仓储建筑等占用的土地。

2. 决定园林苗圃面积的因素

（1）投资金额。园林苗圃面积的大小受多种因素的影响，所建苗圃的面积首先由所投资金决定。资金投放较大，则可以建立规模相对较大的苗圃；资金短缺，则考虑建立小型苗圃。

（2）苗圃类型。苗圃辅助用地面积不超过苗圃总面积的20%~25%，中小型苗圃辅助用地可为苗圃总占地面积的18%~25%，大型苗圃辅助用地可为苗圃总占地面积的15%~20%。

（3）其他因素。年生产苗木的种类及其数量；植物单位面积或单位长度的产苗量；育苗的年龄；采用的轮作制及每年苗木所占的轮作区数；辅助用地的总面积等。

苗圃面积多大适合，一方面要以市场销售而定，另一方面要考虑是否有利润。面积过大经营管理不到位，会使苗圃生产产品质量下降；管细，又会增加人力等成本，使苗木产品市场销售成本过高，无价格竞争力。

3. 园林苗圃生产用地面积的计算

生产用地指直接用于生产苗木的地块。包括每年育苗地及轮作休闲地。

生产用地面积的算，根据各树种苗木生产任务而确定。一个苗圃往往培育苗木种类很多，难以逐一计算，但通常生产数量较大的树种，不过几种而已。计算生产用地面积时，只要抓其主要育苗树种，估计其次要树种面积即可。

计算方法：先计算每一树种每年育苗所需土地面积及其休闲地面积，再乘以育苗年龄，即得该植物育苗的面积，可按如下公式进行计算。

$$P = NA/n \times B/C$$

式中，P 为某树种所需的育苗面积；N 为该树种的计划年产量；A 为该树种的培育年限；B 为轮作区的区数；C 为该树种每年育苗所占轮作的区数；n 为该树种的单位面积产苗量。

计算生产用地面积的依据：计划培育苗木的种类、数量、规格要求、出圃年限、育苗方式以及轮作等因素，决定单位面积的产量，即可进行计算。

第三节　园林苗圃地的建立与规划设计

一、园林苗圃规划设计的前期工作

苗圃建设前期的规划决定了苗圃的投资多少、市场定位、发展方向以及后期产出值等重要指标，园林苗圃的规划应该具有可行性和前瞻性，既要适应本地生长又要满足不断发展园林绿化市场的需要。

1. 地块的勘察、规划

苗圃建设首先要进行地块的勘察，弄清土地的属性及可以作为苗圃的使用年限。熟悉建设用地的范围，绘画出苗圃土地的图纸，便于苗圃基础设施的建设及苗木品种的规划。考察周围交通是否便利，距离市中心等苗木主要销售市场的运距是否适当，以保证绿化工程中使用本苗圃苗木的成活率。

根据确定的地块范围进行苗木种植规划，面积较大时可进行分期规划，每期种植面积的多少可根据投资额来确定。园林苗圃按栽植形式分为地栽苗圃、盆栽苗圃和综合性苗圃。地栽苗圃的面积较大，年限较长，排灌条件较好，土壤肥沃，起苗时土球不易散碎。盆栽苗圃的面积较小，年限可长可短，有充足的水源。综合性苗圃既经营地栽大型乔木，也经营各种盆栽灌木、时令花卉和地被植物。

2. 土质、水质的检验

土质、水质条件的优劣直接决定苗圃内苗木成活率的高低和未来苗木的长势。苗圃地要尽量选择含盐量低、pH 值低的土质。同时，苗圃地的选择要注意以下 2 个方面。

①土壤条件：土壤是苗木生长的基础，土壤的质地、结构、肥力和持水力对苗木的生长影响极大。具有团粒结构的壤土类土壤是最理想的土壤，土壤中的腐殖质把矿质土粒互相黏结成 0.25～100 mm 的小块，具有泡水不散的水隐性，能协调土壤中的水分、空气、养料之间的矛盾，改善土壤的理化性质。地栽苗圃应选择具有团粒结构的中壤土—轻黏土土壤，有利于圃地保水保肥，起苗能带土球。

②水源条件：苗木生长发育所需的水分主要来自降雨、灌溉和地下水。苗木所需水分主要靠人工灌溉来供应。因此，苗圃地应选择在江河湖泊水库等天然水源附近，以利于引水灌溉，若无天然水源或天然水源不足，也可选择地下水源充足、可打井或挖水池蓄水的地方作为苗圃地。

3. 气象资料的收集

掌握当地气象资料不仅是进行苗圃生产管理的需要，也是进行苗圃规划设计的需要。如各育苗区设置的方位、防护林的配置、排灌系统的设计等，都需要气象资料作为依据。因此，有必要向当地的气象台或气象站详细了解有关的气象资料，如早霜期、晚霜期、晚霜终止期、全年各月份平均气温、绝对最高和绝对最低气温、土表及 50 cm 土深的最高温度和最低温度、冻土层深度、年降水量及各月份分布情况、最大一次降水量及降水历时数、空气相对湿度等。此外，还需要详细了解苗圃地的特殊小气候情况。

4. 病虫害和植被概况

在选择苗圃时，一般都应做专门的病虫害调查，了解当地病虫害情况和感染程度，病虫害过分严重的土地和附近大树病虫害感染严重的地方，不宜选作苗圃，对金龟子、象鼻虫及蝼蛄等主要苗木病虫尤需注意。

二、园林苗圃地的区划设计

选定苗圃地之后，为了合理布局，充分利用土地，便于生产作业与管理，对苗圃地必须进行全面的区划工作。苗圃区划的主要原则是：充分利用土地，便于机械化作业，有利于排水和灌溉。

（一）园林苗圃生产用地的区划

生产用地区划一般可设置播种区、营养繁殖区、移植区、大苗区、母树区、引种驯化区及温室大棚区等各作业区。

1. 作业区的规格

首先要保证各个作业区的合理布局，每个作业区的面积和形状，应根据各自的生产特点和苗圃地形来决定。一般大中型机械化程度高的苗圃，小区可呈长方形，长度视使用机械的种类确定，中小型机具 200 m，大型机具 500 m。小型苗圃以手工和小型机具为主，作业区的划分较为灵活，小区长度 50~100 m 为宜。作业区的宽度依土壤质地、是否有利排水而定，排水良好可适当宽些。一般以 40~100 m 为宜。小区的方向应根据地形、地势、主风方向、圃地形状确定。坡度较大时，小区长边与等高线平行，一般情况下，小区长边最好采用南北向以利于苗木生长。

2. 作业区的分区设置

（1）播种区。育苗环节中，播种是其关键和基础。幼苗很难抵抗不良环境，且要求管理精细，因此在规划设计苗圃地时，应挑选经营条件和自然条件最好的地段进行播种。要靠近管理区，同时土质要优良，背风向阳，接近水源、便于灌溉的区域。

（2）营养繁殖区。营养繁殖区主要是进行嫁接、分株、压条和扦插的地段，所以在规划苗圃时，需将其安排在排灌方便、地下水位偏高、土层深厚的地区。

（3）移植区。经过播种区与营养区培育出的苗木，将被送到移植区做进一步培育。移植区中，植株行距和营养面积都要有所扩大和增加，因此该区面积要比繁殖区大。在规划设计苗圃时，移植区应靠近大苗和繁殖区，以便移植苗木，同时，规划地块要增大，以确保有充足的养分和阳光。

（4）大苗区。大苗区具有培育苗木大、根系发达、规格高、植株行距大的特点。在规划设计苗圃时，要考虑到该区的面积需求，最好将其设置在苗圃周围，接近主干道和移植区，以便外运苗木。同时，该区应有深厚的土层，地块整齐，水位较低。

（5）引种驯化区。引种驯化区所栽植培育的是来自外地的新植物品种，对其栽培、生长和繁殖情况进行观察，以选出适合在本地进一步培育的新品种。规划设计时，要将该区设置在土壤和地形较为复杂的区域，使苗木生长条件尽可能接近原产地。

（6）母树区。在固定苗圃中，为了获得优良的种子、插条、接穗等繁殖材料，需要建立采种、采条的母树区。本区占地面积小，可利用零散地块，但要土壤深厚、肥沃及地下水位较低。对一些乡土树种可结合防护林带和沟边、渠旁、路边进行栽植。

（7）温室大棚区。建设温室大棚区需要投入更多资金，但今后能收获到更多经济效率和较高生产率。区内应设立组培室，通过对组织培养的利用，使繁殖系数提高，进而培育出无病毒苗木。该区应该设立在靠近管理区，地势较高，土质好，便于排水的区域。

（二）园林苗圃辅助用地的区划

苗圃的辅助用地包括：道路系统，排灌水系统，各种用房（如办公用房、生产用房和生活用房），蓄水池，蓄粪池，积肥场，晒种场，露天储种坑，苗木窖，停车场，各种防护林带和圃内绿篱，围墙，宣传栏等。辅助用地的设计与布局，既要方便生产、少占土地，又要整齐、美观、协调、大方。

1. 道路系统的区划

苗圃道路将各区与各类育苗工作设施之间连接起来，通常情况下，会设置环圃路，1级、2级和3级道路。所谓苗圃路其实就是环路围着苗圃绕一周，这样做的目的是方便机具、车辆回转。

1级道路为苗圃主干道，是主要的对外运输道路，在设计规划时，为了使其与建筑区和出入口相连接，最好把苗圃中心线位置用来设为1级道路，宽度6~10 m不等，这样汽车就能够相向对开，而高度必须高出耕作区20 cm；2级道路垂直于主干道，连接于各耕种区，宽度4~6 m不等，高度要高出耕作区10 cm；3级道路主要负责各耕种区之间的沟通，宽度2~4 m不等，并垂直于2级道路。这3个等级的道路相互垂直交叉，沟通连接整个苗圃，各区域之间以及与外界的沟通不再是问题；周围圃道：为了车辆、机具等机械回转方便，所设置的环路。指设在防护林带里面，环绕苗圃周围的道路，周围圃道宽4 m。

2. 排灌系统的区划

苗圃灌水和排水设施的总称，是保证苗木不受旱涝危害的重要设施。苗圃内的排灌系统必须完善，以确保苗木有充足水源。

（1）灌溉系统区划。整个灌溉系统包括水源、引水设施、蓄水设备和提水设备。水源：分为地面水和地下水2类。水源应位于地势较高的地方，水井力求分布均匀。提水设备：多用抽水机（水泵）。引水设施：有地面渠道引水和暗管引水2种形式。苗圃中，明渠引水是比较常见的引水方式，明渠被划分成3级，1级即主渠，能够使苗圃用水直接从水源引入，宽2 m；2级为支渠，宽度为1.5 m，负责把水引向耕种区；3级为毛渠，宽1 m，垂直于支渠。

灌溉方式如下。

①漫灌（畦灌）：用于低床。缺点是占地面积大，破坏土壤结构，使土

壤板结；工作效率低，用工量高、用水量大；不易控制灌溉量，一般使用地面渠道引水。

②侧方灌溉：用于高床、高垄。优点是床面土壤不板结，灌溉后通气性较好。缺点是用水量大，一般使用地面渠道引水。

以上属于地面灌溉，要有固定的渠道，由主渠、支渠和毛渠组成。由主渠到各支渠，再由各支渠到各毛渠。毛渠把水引进育苗地。各级渠道的设置要和各级道路的设置相配合。各级渠道常成垂直方向，毛渠还应与苗木的栽植行垂直，这样便于灌溉。

③喷灌：优点是省水，便于控制灌溉量，可防止大量灌溉出现次生盐渍化；占地少，不破坏土壤结构，土壤也不板结；效率高，省劳力；春天喷灌能提高地面温度，防止晚霜危害，夏天喷灌可以降温；灌水量均匀。缺点是投资高；受风力的影响较大（3~4级以上的风，喷灌就不均匀了），使用管道引水进行灌溉。

喷灌的种类有：指针式喷灌、轮动式喷灌、移动式喷灌、固定喷灌、半固定喷灌。

喷灌设备有：大型圆形喷灌机、卷盘式喷灌机、小型喷灌机组。

④滴灌：通过管道把水滴到土壤里，逐渐渗到土壤深层。优点是省水（减少了蒸发量）；能够同时进行施肥（把肥施入水中一起灌溉，只限于挥发小，移动性大的化肥）；自动控制时间，控制灌溉量。缺点是投资高；滴头和管道易淤塞。

滴灌分为地表滴灌和地下滴灌（通过地埋毛管上的灌水器把水或水肥的混合液缓慢流出渗入到植物根区土壤中，再借助于毛细管作用或重力作用将水分扩散到根系层供植物吸收利用。它是公认最有发展前途的节水高效灌溉技术之一。尚处于初级阶段）。

⑤新灌溉技术：微喷（喷洒形式有3种：旋转式、折射式、脉冲式）；智能节水灌溉控制系统（通过计算机上点击鼠标来手动、全自动，甚至遥控的灌溉系统）。

有条件的地方应尽量采用喷灌和滴灌。

（2）排水系统的区划。苗圃排水沟也是必不可少的，大排水沟的宽度最好设为1 m以上，而中小水沟0.3~1 m不等，路边设中水沟，而耕种区内部小排水沟又和步道结合起来，最后大排水沟应该分布在道路两侧，以形成管、路、沟的相结合。

（三）园林苗圃防护林的设置

苗圃四周需要设置防护林，防止苗木遭受冻害和风沙危害，为苗木创造优越气候条件，更适合生长的环境。防护林应选择树冠高、生长迅速、抵抗力的树种，如云杉和毛杨树等，同时要把灌木和乔木、落叶和常绿、慢生和速生的树种搭配起来。

（四）园林苗圃管理区的设置

管理区包括仓库、宿舍和办公室等，在苗圃设计规划中，应将该区设立在苗圃基地中心，以便经营和管理。另外要尽可能处在一级道路交汇处，能够直接通往基地大门，交通便利。该区要有较高地势，接近电源和水源，但并不适合培育苗木。

三、园林苗圃设计图的绘制和设计说明书的编写

1. 苗圃设计图绘制前的准备工作

在绘制设计图前，必须了解苗圃的具体位置、界限、面积；育苗的种类、数量、出圃规格、苗木供应范围；苗圃的灌溉方式；苗圃必需的建筑、设施、设备；苗圃管理的组织机构、工作人员编制等。同时应具备苗圃建设任务书和各种有关的图纸资料，如现状平面图、地形图、土壤分布图、植被分布图等，以及其他有关的经营条件、自然条件、当地经济发展状况资料等。

2. 绘制园林苗圃设计图

在各相关资料搜集完整后，应对具体条件全面综合，确定大的区域设计方案，在地形图上绘出主要路、渠、沟、林带、建筑区等的位置。再根据其自然条件和机械化条件，确定最适宜的耕作区的大小、长宽和方向。并根据各育苗区的要求和占地面积，安排出适当的育苗场地，绘制苗圃设计草图。经多方征求意见，进行修改，确定正式设计方案，即可绘制正式图。正式设计图的绘制，应根据地形图的比例尺将道路、沟渠、林带、耕作区、建筑区、温室育苗区等按比例绘制，排灌方用箭头表示，在图外应列有图例、比例尺、指北方向等，同时各区应进行编号，用于说明各育苗区的位置等。

3. 编写设计说明书

设计说明书是园林苗圃规划设计的文字材料，它与设计图是苗圃设计中两个必不可少的组成部分。图纸上表达不出的内容都必须在说明书中加以阐述。设计说明书一般分为总论和设计2部分进行编写。

（1）总论。总论说明园林苗圃的经营条件和自然条件。经营条件包括

当地的经济、生产、劳动力情况及其对苗圃生产经营的影响；苗圃的交通条件；电和机械化条件；苗圃成品苗木供给的区域范围，建圃的投资和效益估算以及对苗圃发展展望。自然条件包括苗圃地的土壤条件、水源情况、气象条件、病虫草害及植被情况。

（2）设计。主要包括苗圃面积、苗圃区划说明和育苗技术设计 3 方面内容。

苗圃面积包括计算各树种育苗所需土地面积；所有树种育苗所需土地面积计算；辅助用地面积计算。

苗圃区划说明包括作业区的大小；各育苗区的配置；道路系统的设计；排灌系统的设计；防护林带及防护系统（围墙、栅栏等）的设计；管理区建筑的设计；设施育苗区温室、组培室的设计。

育苗技术设计包括培育苗木的种类；培育各类苗木所采用繁殖方法；各类苗木栽培管理的技术要点；苗木出圃技术要求。

四、园林苗圃的建立

1. 建筑工程施工

建立苗圃时，应将水、电及通信设施最先引入安装，然后进行房屋的建设。其中也包括温室等生产用地建筑。

2. 圃路工程的施工

定出主干道的位置，再以主干道的中心线为基线，进行道路系统的定点、放线，然后进行修建。

3. 灌溉工程施工

应根据水源不同建造提水设施，如果是地表水，修建取水构筑物和提水设备；如果是地下水，钻井后安装水泵。然后修筑引水设施，应严格按照设计标准进行施工。一般应请相关部门协助完成。

4. 排水工程的施工

一般先挖掘大排水沟，中排水沟与道路的边坡相结合，小排水沟结合整地进行。施工要符合设计要求，主要是坡降和边坡。

5. 防护林工程施工

在适宜的季节栽植防护林，最好使用大苗栽植。

6. 土地平整和改良

苗圃地形坡度不大时可在路、沟、渠修建后结合土地翻耕进行平整，以后再结合耕种及苗木出圃等逐年进行平整；坡度过大时要修筑梯田；总坡度不大，但局部不平，应挖高填低。圃地中如有盐碱土、沙土、黏土时，要进行土壤改良。轻度盐碱土可增施有机肥，雨后及时中耕除草；沙土可适当掺入黏土和多施有机肥；黏土可采取深耕、增施有机肥及填入沙土等措施加以改良。如圃地中有建筑垃圾，应全部清除，并换入好土。

第三章　园林观赏特色苗木实生苗的繁殖与栽培技术

实生苗是指用种子播种繁殖所得的苗木。播种繁殖是利用树木的有性后代——种子，对其进行一定的处理和培育，使其萌发、生长、发育，成为新的一代苗木个体。园林观赏树木的种子体积较小，采收、储藏、运输、播种等都较简单，可以在较短的时间内培育出大量的苗木或嫁接繁殖用的砧木，因而在园林苗圃中占有极其重要的地位。

第一节　园林观赏树木种子的成熟与采收

一、园林观赏树木种子的成熟

（一）种子的含义

种子系高等植物所特有，是植物长期进化的产物。种子在植物学上是指由胚珠发育而成的繁殖器官。包括种皮、胚、胚乳3个主要部分。在农业生产上，凡是可直接作为播种材料的植物器官都称为种子。为了与植物学上的种子有所区别，后者称为农业种子更为恰当，但在习惯上，农业工作者为了简便起见，统称为种子。

（二）园林观赏树木种子的分类

目前世界各国所栽培的园林观赏特色植物，其果实和种子成熟的外部特征都各不相同，大致可以分为3类：干果类、肉质果类、球果类。

1. 干果类

干果类果皮有绿色变为黄色、褐色和紫黑色等，果皮干燥，紧缩，变硬或自然开裂，有的因成熟开裂而散出单个种子。主要包括如下。

荚果：刺槐、合欢、皂角、紫穗槐、紫荆和黄金树等。

蒴果：丁香、紫薇、木槿和金丝桃等。

翅果：槭树、榆树、白蜡和杜仲等。

坚果：橡栎类、七叶树和板栗等。

2. 肉质果类

肉质果类果皮变色，有的出现白霜，果肉软化，颜色有黄色（如银杏、佛手和柑橘等）、红色（如火辣、冬青、茵芋、珊瑚树、石楠和南天竹等）、蓝黑色（如女贞、香樟和桂花等）、蓝紫色（如紫珠等）等。果实成熟时，果皮肉质，主要包括如下3类。

核果类：山杏、山桃、毛桃、银杏等。

仁果类：又叫梨果，海棠、梨、苹果、山楂等。

浆果类：柿、黑枣、葡萄、桑等。

3. 球果类

球果类指针叶树果实成熟后，果鳞干燥，变硬，微微开裂，球果有绿色变为黄褐色。部分球果因果鳞开裂后，种子容易脱落，应及时采收。如油松、落叶松、樟子松、云杉、冷杉等。

4. 人工种子

植物人工种子是将植物离体培养中产生的胚状体（主要指体细胞胚）包裹在含有养分和具有保护功能的物质中而形成，在适宜条件下能够发芽出苗，长成正常植株的颗粒体，也称为合成种子、人造种子或无性种子。人工种子与天然种子非常相似，都是由具有活力的胚胎与具有营养和保护功能的外部构造（相当于胚乳和种皮）构成的适用于播种或繁殖的颗粒体。

天然种子的繁殖和生产受到气候季节的限制，并且在遗传上会发生天然杂交和分离现象，而人工种子在本质上属于无性繁殖。因此，人工种子具有许多优点：一是可用于自然条件下不结实或种子很昂贵的特种植物以快速繁殖；二是繁殖速度快，如用1个体积为12 L的发酵罐，20多天可生产由胡萝卜体细胞胚制作的人工种子1 000万粒，可供几十公顷地种植；三是可固定杂种优势，使F_1杂交种多代使用。

（三）园林观赏植物种子的成熟

1. 种子成熟的概念

种子成熟应该包括2方面的意义，即形态上的成熟和生理上的成熟，只具备其中1个条件时，就不能称为真正的种子成熟。例如，有许多园林植物的种子，如银杏和白蜡，虽然在形态上已达到充分成熟，但给予适宜的发芽条件却不能正常发芽，必须再经过一定时期的储藏以后，才能发芽生长。所以严格说不能称为真正成熟的种子。

达到完全成熟的种子应该具备以下4个基本特点。

（1）养料输送已经停止，种子所含干物质已不再增加，即种子的千粒重已达到最高限度。

（2）种子含水量减少，种子的硬度增高，对不良环境条件的抵抗力增强。

（3）种皮坚固，呈现该品种的固有色泽或局部的特有颜色，如玉米籽粒基部的褐色层。

（4）种子具有较高（一般在80％以上）的发芽率和最强的幼苗活力，表明种子内部的生理成熟过程已经完成。

2. 种子成熟的阶段和外表特征

园林树木种子成熟是个复杂的过程。由受精卵细胞发育成种胚必备的胚根、胚芽、胚茎和子叶。在种胚各个器官形成的同时，其内部不断积累种胚所需的营养物质。种子发育初期，内部是透明液体，这些液体大部分是可溶性有机化合物，如单糖、脂肪酸、氨基酸，逐渐转化成淀粉、蛋白质、脂肪。富含脂肪的种子如冷杉在种子成熟期间，还原糖、淀粉和可溶性氮减少，粗脂肪增加；松树种子在发育期间脂肪的储藏迅速增加，含氮化合物增加也很快。种子在成熟过程中还积累灰分，随着成熟的变化，各种灰分比也有较大变化，如磷显著增加，镁也有所增加，而钾减少。经过一系列的生物化学变化，种子内干物质不断积累，含水率渐减，最后干物质的积累结束种子内含物质硬化，呈现不易溶状态，含水率低，皮致密而坚硬，呼吸微弱，抗逆性增强，进入了休眠状态，以利于保证其种的延续与繁殖。林木种子的成熟过程一般多是包括生理成熟与形态成熟2个过程。

（1）生理成熟。生理成熟是指种胚发育到具有发芽能力时，称为生理成熟。生理成熟的种子特点是：含水率高，种子内部虽然在不断地积累营养物质，但营养物质仍处于易流状态，种皮不致密，保护组织不健全，不能防止水分散失，内部易溶物质容易渗出种皮，易感染病，易失去生命力，所以不耐储藏。但对于长期休眠的种子，如椴树、水曲柳等，用生理成熟的种子播种能缩短出苗期，提高场圃发芽率。

（2）形态成熟。形态成熟种子的外部形态呈现出成熟的特征时，称为形态成熟。种子形态成熟的特点是：种子内部营养物积累结束，含水率降低，营养物质由易溶状态变为难溶状态的脂肪、蛋白质、淀粉等，种子本身的重量不再增加或增加很少，呼吸作用微弱，种皮致密、坚实，抗病力强，耐储藏。所以一般对树种的种子都应在形态成熟时采收。有些林木种子如银杏、七叶树、水曲柳和冬青等，在形态上虽然呈现成熟的特征，但由于种胚发育不完全，没有具备发芽能力，需经过一个后熟阶段才能发芽，这类种子的生理成熟是在形态成熟之后。

不同的园林绿化观赏树种，由于生物学特性的差异，其种子的成熟期也各不相同。多数绿化观赏树种的种实成熟期在秋季，也有一些在春、夏季成熟。如圆柏、柚木等树种的种实在春季成熟，杨、柳、榆等树种的种实在春未成熟，桑树、枇杷和杨梅等树种的种实在夏季成熟。即使是同一树种，由于生长地区和地理位置的不同，其种实的成熟期也不同。如杨树在江浙地区4月成熟，在北京地区至5月才成熟，而在哈尔滨则要到6月才成熟。再比如侧柏，在华北地区于9月成熟，在华东地区于10月成熟，在华南地区则在11月成熟。这是由于在南方生长期延长而延迟了种子的成熟期。此外，同一树种在同一地区，由于立地条件等的差异，其种实的成熟期也有不同。如在阳坡生长的比阴坡的早，林缘的比林内的早，沙性土壤生长的比黏性土壤生长的早，干旱地生长的比低湿地生长的早等。

二、种子的采收

种子成熟后，会逐渐脱落，应及时采集。但不同树种的种实，其脱落方式也各不相同，采集时也应有所区别。如大多数松科、杉科类的果实，成熟后开裂种子易脱落，且种子较细小，故应注意在种子脱落前采收；而一些形体较大的种子，如七叶树壳斗科植物的种子则可在其脱落在地面上后收集；一些树种的果实成熟后悬挂在树上，不会很快开裂脱落，如蜡梅、槐树、合欢、苦楝、乌桕、悬铃木、女贞和香樟等，则可适当延迟采收。在采收种子时还要注意其他一些事项，如首先要选择优良的采种母株；母株应尽量选用与育苗栽植地区地理条件相近地区的，最好在本地区采种；母株要选壮龄树，对异花授粉树，要安排授粉树或辅以人工授粉。此外一些易开裂的干果类种子，最好在早上采集，因为早上空气湿度大，果实不至于一触即开裂而影响种子的采集。可根据种子的大小、成熟后脱落的习性等情况的不同而采取不同的方法，通常以从植株上采集的方式最为常用。

一般较低矮植株的种子可直接采收，如紫金牛、南天竹和绣线菊等树的种子。较高植株的种子可先清理树下地面或在地面铺摊薄膜、塑料布等，再用竹竿、木棍等击落种子，然后进行收集，如女贞、桂花、乌桕、枫香和银杏等树的种子。对植株较高且果实又集中于果序上的树种，如栾树、白蜡、臭椿和香椿等，可采用高枝剪、采种钩和采种镰等采收其种子。对植株较高且果实又分散或单生的，则可用木架、绳索、折梯等工具协助上树采收，如有条件的，则可利用连接式登树梯或升降机等进行采收。而对一些大粒种子，可待其脱落后直接从地面上拾集，如栎类、板栗、核桃和七叶树等。

第二节　园林观赏植物种子的调制与种子储藏

一、园林观赏植物种子的调制

种子采集后，因其往往带翅、带球果、带果皮果肉等，不易储藏，必须经过调制处理，才能取得适合运输、储藏和使用的纯净的种子和果实。

1. 干果类的调制

（1）蒴果类。蒴果类种子的特点是种粒很小，种实脱落期极短或无。对于含水量高的蒴果，如杨、柳等，及时采种调制，阴干，不宜暴晒，否则极易丧失生命力。一般在室内进行调制，如杨树，将果穗采下后，放在室内架空的竹帘上，下面铺上塑料布，将果穗在竹帘上铺 3~6 cm 厚，3~4 d 果开裂，经常翻动，种子落在下面的塑料布上，收集起来，筛去杂质。对于含水量很低的蒴果，如丁香、紫薇、木槿、金丝桃、桉、木荷、泡桐、香椿等，采后即可在阳光下晒干脱粒净种。例如，椿树的成熟期在 10—11 月，果成熟特征为黄褐色，果实处理方法是弱光晒出种子。对于太平花、小叶黄杨等易丧失发芽力的种子，多采用阴干法进行脱粒，筛出种子，妥善保存。

（2）坚果类。坚果类种子的特点是种子较大，含水量高达 30 % 以上，如板栗、栎类等。不宜暴晒，因含水量高在阳光下暴晒容易失去发芽力。一般放在阴凉通风处阴干，铺在地上 20~25 cm，经常翻动，当种子达到标准含水量后，去杂、净种，即可储藏。而椴树、梧桐等可日晒使果柄、苞片等与果实分离；或装在袋中揉搓后，用簸箕除去杂质，然后将果实储藏。

（3）翅果类。翅果类种子的特点是种粒较坚硬，含水量低。晒后，干燥到一定程度，不必去翅即可储藏，例如，喜树的成熟期在 10—11 月，果成熟特征为黄色；晒脱果梗，种实普通干藏。臭椿的成熟期为 7—8 月，果成熟特征为黄褐色。晒干支翅，种实普通干藏。但榆树、杜仲在阳光下暴晒易失去发芽力，用阴干法干燥较安全。例如，杜仲的成熟期在 10—11 月，果成熟特征为黄褐色；阴干脱出种子，用湿沙储藏种实。

（4）荚果类。荚果类种子特点是种粒坚硬，含水最低。采后放在平地或席上，在阳光下暴晒，用棍棒敲打，种粒即可脱出。去杂，立即储藏。对于不易开裂的荚果类如皂角、紫藤等，可以用手撕开荚果取出种子，或碾压、锤砸取出种子。

2. 肉质果类的调制

肉质果类种子的特点是含水量高，含果胶、糖多，易发霉腐烂。果实采回后要及时调制，取出种子。如发酵腐烂则会严重影响种子质量。肉质果类的调制过程：软化果肉，弄碎果肉，用水淘出种子，再干燥与净种。根据果皮和种皮的软硬、薄厚等特点，采用不同的取种措施。

桑等肉质果脱粒，一般先用水浸沤，待果肉软化再捣碎或搓烂，然后，加水冲洗，漂去果皮果肉，得到纯净种子。

核桃、银杏等种实，采后可堆积起来，浇水盖草，保持湿润。经常翻动，待果皮（或种皮）软腐后，搓去果肉（或种皮）洗出种子。

漆树、广玉兰等种壳外附有蜡质或油脂的种实，脱粒后用草木灰或用碱水浸洗，脱蜡去脂。

樟树，果实浸入水中数天，除去果肉，然后拌草木灰脱脂，阴干。

用于食品加工的肉质果，可从果品加工中取得种子。从肉质果中取出的种子，因含水量高，不要在阳光下暴晒，要立即播种。如储藏，应立即放在通风良好的室内或荫棚下阴干。在阴干过程中，注意经常翻动，当干燥达到安全含水里时，即可储藏。

3. 球果类的调制

球果类种子的脱粒工作，首先要经过干燥，使球果的鳞片失去水分，反曲开裂，种子即脱出。首先要经过干燥，便球果的鳞片失水后反曲开裂，种子即脱出。干燥球果的方法有自然干燥法和人工加热干燥法。

（1）自然干燥法。此法利用日光暴晒，使球果干燥。鳞片开裂，种子脱出。自然干燥法随球果中树脂和油分含量、果鳞坚硬程度及开裂难易，方法也不尽相同。油松、落叶松、杉木、柳杉、水杉等的球果容易开裂，可直接暴晒开裂取种。马尾松、黄山松、湿地松等树种球果不易开裂，先用温水浇泼堆沤，脱脂再日晒，果壳脱落取种子。冷杉属的球果油分多，阴干比暴晒开裂快。红松等的球果很难开裂，要边暴晒边用木棒敲打。福建柏、侧柏等树种，球果放在室内后熟数天，再晒果取种。

（2）人工加热干燥法。在球果干燥室内进行。球果要预干，预干时间因树种而异，一般失水快的树种，20~30 ℃的温度为24~72 h。干燥室升温时，要逐渐升温。先20 ℃，逐渐升到40 ℃，最高不超过60 ℃。一般升至

40~50 ℃。严禁用高温，以防烧坏种子。在干燥过程中，要经常检查干燥室的温湿度，不适宜时随时调节。干燥后的球果要立即脱粒，运出干燥室。种子在热空气中停留时间越短越好，尽可能缩短种子的加工时间。

二、园林植物种子的寿命和储藏

(一) 园林植物种子寿命及其影响因素

种子寿命是指在一定环境条件下能保持生活力的期限。从群体而言，从收获后到半数种子仍有生活力所经历的时间即为该种子的群体寿命。种子寿命主要取决于其遗传因素，但与种子成熟度、种子的完好程度、种子含水量、储藏条件等因素也有很大的关系。

1. 遗传因素

不同种类的树木种子由于其自身的遗传特性，寿命差异相当大。在适宜的条件下，种子寿命在 1 年以内的称为短命种子，在 2~15 年之内的称为中寿种子，而在 15 年以上的称为长命种子。一般来说，许多温带阔叶树种、热带树种和带大量肉质子叶的种子寿命较短，如白榆在夏季高温下一个半月左右，便全部死亡；杨属种子在常温下 1 个月生活力就急剧下降；其他如七叶树、枇杷、柑橘、荔枝、山核桃、板栗等均为短命种子。大多数针叶树种则为中寿种子。此外，种子内含物也和种子寿命有关，如淀粉类种子比脂肪类种子含水量高，且淀粉易于吸湿，易于分解，易于消耗，从而使淀粉类种子（如板栗、银杏）不如脂肪类种子（如松、柏类种子）耐储藏。而耐储藏的长命种子，往往种皮都致密、坚硬、透性差，种皮角质层厚和种皮外被有蜡质。这类种皮几乎不透水，对外界不良条件具有极强的抵御能力，如刺槐、皂荚等。

2. 种子成熟度

没有完全成熟的种子，种皮不紧密，还不具备正常的保护功能，种子内部的储藏物质还处于易溶状态，种子含水量较高，呼吸作用也较强，很容易消耗养分，且易感染病虫害，因而难以储藏。

3. 种子含水量

种子含水量低，种子的呼吸作用微弱，种子内各处的酶处于被吸附状态，生理活性低，种子处于休眠状态，能较长时间保持生命力，且含水量低的种子，能比较有效地抵御高温和低温对种子的影响。当然，种子含水量也不是越低越好，而有一定的限度，即所谓"安全含水量"。安全含水量是使种子安全度过储藏期的允许含水量，根据安全含水量的高低，可把种子分为

2 类，一类是可以忍受干燥的种子，安全含水量在 10 %左右，如松、杉、柏类；另一类是不能忍受干燥的种子，安全含水量在 30 %，甚至更多，如柑橘类、七叶树、板栗、银杏等。安全含水量和储藏时间及储藏温度有关。储藏时间长，应取安全含水量的低限；时间短，可取安全含水量的高限。而储藏温度高，含水量宜低，反之可略高。

4. 种子完好程度

种子在脱粒筛选等调制过程中往往会留下损伤，这种损伤如在不良的储藏条件下，很容易扩展并引起腐烂，从而影响种子发芽。

5. 种子储藏的环境条件

要保持种子活力，延长寿命，最根本的是要减慢种子的呼吸和其他代谢活动，并且不损伤胚。所以，调节环境的湿度、温度、通风条件等，就显得相当重要。环境湿度的变化往往直接影响种子含水量的变化，尤其是当空气相对湿度过高，则易使种子含水量上升，新陈代谢加快，甚至使种子萌发。对大多数种子而言，储藏时，相对湿度维持在 30 %~60 %条件下为宜。温度也是一个重要影响因子，温度高时，种子呼吸作用增强，而低温可抑制种子的呼吸作用。温度也影响空气湿度的变化，两者互有作用。在干燥低温下，种子才能长期保持生活力，而在高温多湿的条件下，则种子很容易丧失生活力，大多数种子干燥后在 1~5 ℃低温保存为好。而合理利用通风，可以有效降低储藏环境的相对湿度，减少种子含水量的波动幅度，而且可以降低种子的温度，带走因呼吸产生的局部热量；还可以降低种子堆中因呼吸作用而产生的远远高于周围环境的二氧化碳浓度，避免无氧呼吸对种子的伤害。当然在人工可控制条件下，可结合低温、干燥等措施在密闭环境下保存种子。而且不同种类种子在密闭储藏时如置于氮气、氢气、一氧化碳气体中，往往能延长种子寿命。

（二）园林植物种子的储藏

根据园林观赏树木不同种子的生理特点及种子储藏的目的，可将种子的储藏方法分为两大类，即干藏法和湿藏法。

1. 干藏法

干藏法适合于含水量低的种子储藏用。常用的有普通干藏法和密封干藏法。

（1）普通干藏法。将种子经过充分干燥后，装入种子袋或桶中，置于阴凉、通风、干燥的室内进行储藏，根据储藏时间长短和储藏条件，适当利用通风和吸湿设备或干燥剂。一般室内相对湿度宜保持在 50 %以下。种子不宜堆放过厚。最好分层置于床架上或悬挂于空中，以利于空气流通，防止种子发热霉变。储藏期间应定期检查，如有生热或潮湿现象，应立即进行晾晒，防止种子因变质而降低生命力。普通干藏法多用于短期储藏，适用于大多数乔木和灌木的种子，尤其是针叶树种子及常见的蒴果、荚果类等植物的种子，如柏木、柳杉、云杉、落羽杉、水杉、香柏、紫薇、木芙蓉、紫荆、蜡梅、白蜡、凌霄、紫藤等类的种子储藏用。

（2）密封干藏法。普通干藏不适于长期种子储藏，尤其对一些易丧失发芽力的种子，如柳、榆、桉等，则可用密封干藏法。即将干燥种子置于密闭容器中，并在容器中加入适量干燥剂，并定期检查，更换干燥剂。密封干藏法可有效延长种子寿命，如给予低温条件，效果更好。

2. 湿藏法

湿藏法适用于含水量较高的种子。多限于越冬储藏，并往往和催芽结合。常见树种如银杏、栎类、女贞、火棘、海棠、桃、梅、木瓜等。一般将种子与相当种子容量 2~3 倍湿沙或其他基质拌混，埋于排水良好的地下或堆放于室内，保持一定湿度。也有将种子与沙等分层堆积，即所谓层积储藏。这类方法可有效保持种子生活力，并具催芽作用，提高种子出芽率和发芽的整齐度。

3. 种子超低温储藏

种子超低温储藏指利用液态氮为冷源，将种子置于−196 ℃的超低温下，使其新陈代谢活动处于基本停止状态，不发生异常变异和裂变，从而达到长期保持种子寿命的储藏方法。自 20 世纪 70 年代以来，利用超低温冷冻技术保存种子的研究有了较大进展。这种方法设备简单，储藏容器是液氮罐。储藏前种子常规干燥即可。储藏过程中不需要监测活力动态。适合对稀有珍贵种子进行长期保存。目前，超低温储藏种子的技术仍在发展中。许多研究发现，榛、李、胡桃等树种的种子，温度在−40 ℃以下易使种子活力受损。有些种子与液氮接触会发生爆裂现象等。因此，储藏中包装材料的选择、适宜的种子含水量、适合的降温和解冻速度、解冻后的种子发芽方法等许多关键技术还需进一步完善。

4. 种子超干储藏

种子超干储藏或称超低含水量储藏，是将种子含水量降至 5 % 以下，密封后在室温条下或稍微降温条件下储存种子的一种方法。以往的理论认为，若种子含水量低于 5 %~7 % 的安全下限，大分子失去水膜保护，易受自由基等毒物的侵袭，同时，低水分不利于产生新的阻氧化的生育酚。自 20 世纪 80 年代以来，对许多作物种子试验研究表明，种子超干含水量的临界值可降到 5 % 以下。种子超干储藏的技术关键是如何获得超低含水量的种子。一般干燥条件难以使种子含水量降到 5 % 以下，若采取高温烘干，容易降低甚至丧失种子活力。目前主要应用冰冻真空干燥、鼓风硅胶干燥、干燥剂室温干燥等方法。此外，经超干储藏的种子在萌发前必须采取有效措施，如 PEG 引发处理、逐级吸湿平衡水分等，防止直接浸水引起的吸胀损伤。目前来看，脂肪类种子有较强的耐干性，可进行超干储藏。而淀粉类和蛋白类种子超干储藏的适宜性还有待深入研究。

5. 种子引发

为理解种子引发概念，先简要认识种子萌发过程。根据一般规律，种子萌发过程分为 4 个阶段：吸胀，种子很快吸水膨胀，种胚活细胞内部的蛋白质、酶等大分子和细胞器等陆续发生水合活化；萌动，种子萌发的第 2 阶段，种子在最初吸胀的基础上，吸水停滞数小时或数天，出现吸水暂缓期，这一时期，在生物大分子、细胞器活化和修复基础上，种胚细胞恢复生长，当种胚细胞体积伸展到一定程度，胚根尖端突破种皮外伸，这一现象称为种子萌动；发芽，形成正常的、具备主要构造的幼苗；成苗，子叶留土或出土，幼苗正常生长。

种子引发是控制种子缓慢吸收水分，使其停留在吸胀的第 2 阶段，让种子进行预发芽的生理生化代谢和修复作用，促进细胞膜、细胞器、DNA 的修复和活化，处于准备发芽的代谢状态，但防止胚根的伸出。经引发的种子活力增强、抗逆性增强、出苗整齐、成苗率高。目前常用的种子引发方法有渗调引发、滚筒引发、固体基质引发和生物引发等。

第三节　园林植物种子的休眠及处理

一、园林观赏植物种子的休眠

园林观赏特色树木种子的休眠，是指种子由于内在或外界环境条件的影响，而不能立即萌发的现象。种子的休眠有 2 种，即生理休眠和强迫休眠。生理休眠，是指种子由于未通过生理成熟阶段，即使给予适宜的发芽条件，也不能很快发芽的现象，通常又称长期休眠。强迫休眠，是指种子得不到发芽所需要的适宜条件，而暂时不能发芽的现象。观赏树木种类繁多，种子内部的构造及外部形态也有很大的差异，导致种子休眠的原因也很复杂。通常有以下 4 种情况。

1. 种皮限制

种皮（或果皮）坚硬、致密，存在机械阻力，种胚难以突破种皮，因而发芽困难，如蔷薇、梅、桃的内果皮，以及丁香、白蜡的种皮；或具有蜡层、角质层等，种皮不易透气透水，如豆科的刺槐、相思豆、皂荚等。此类种子需要长时间外部气候条件的作用，使种皮破裂，才能打破休眠并发芽。也可以人为地通过不同的物理或化学方法，解除这类种子休眠，如机械损伤、晒种、用热水或浓硫酸浸种等。

2. 胚发育不全或部分胚休眠

通常因采收时胚未分化完全，需经过一段时间继续发育，完成分化过程以完成形态和生理上的一系列变化，才可真正成熟并具备发芽能力。如银杏果实在形态成熟后，其胚分化发育不完全，需进行后熟。还有一些种子表现为部分胚休眠，如牡丹、莛蒾等具有上胚轴休眠的特性。

3. 萌发抑制物质

许多种子胚（或胚乳）存在萌发抑制剂脱落酸、香豆素和单宁等，因而不能萌发。如牡丹、梅、桃、金缕梅、红松和美国白皮松等。通常需要在外部环境的作用下，通过自身的生理、生化变化，解除抑制作用，种胚才能解除休眠而发芽。

4. 光照的影响

由于缺乏必需光照（即使是短暂的闪光）而导致由光敏素调控的需光种子的休眠，如杜鹃、连翘和日本绣线菊等，都属于此类光感休眠型。种子休眠，可能由单一因素引起，也可能由 2 种及 2 种以上的因素引起。如蔷薇、紫藤和山楂等，均是兼具种皮限制性休眠和胚休眠的综合休眠类型。又如红松种子不易萌发，是由于其种皮厚而坚硬致密，且具有蜡质，使其种皮不易透气透水，同时又由于其种皮中含有单宁等抑制物质等多种因素的综合作用而形成的。

另外根据种子的休眠程度又可分为深休眠种子、中度休眠种子和浅休眠种子。常见的深休眠种子有刺槐、山杏、海棠、山楂、山枣、红松、圆柏、杜松、红刺玫、核桃、花楸、银杏、臭椿、刺楸等，对于这类种子来说，解除休眠需要综合的处理和较长的时间，在此过程中种子若遇到不良的环境条件就会再次进入休眠状态，称为次生休眠、二次休眠或诱导休眠；中度休眠和浅休眠种子较常见，如落叶松、樟子松、云杉、沙棘、五角枫和球根花卉等，处理较容易，时间也相对较短，一般 7~30 d 即可破除其休眠。油松种胚具有休眠特性，种子属于中度休眠特性的种子，并且不同种粒之间休眠深浅有差异。

二、园林观赏植物种子播种前的催芽处理

1. 水浸处理

此方法一般适用于强迫休眠和种皮坚硬致密不透气、不透水的种子，以及种子内含有水溶性发芽抑制物质的种子。水浸种子可以软化种皮，去掉种皮表层的蜡质和油脂，增强种皮的透性，也能浸出种子内发芽抑制物质，有促进萌发的作用。具体的处理方法有冷水浸种、温水（50 ℃）浸种、沸水（90~100 ℃）浸种或冷热水交替浸种。浸种的时间视种子大小、种皮厚薄及水温而定，一般种粒小、种皮薄、水温高；种子吸水快，浸种时间要短，如多数草本花卉和泡桐、法桐、梓树等木本观赏植物的种子，用30 ℃左右的水或冷水浸种。一般种皮较厚的种子，如枫杨、紫穗槐等，可用60 ℃左右的热水浸种；凡种皮坚硬含有硬壳的树种，如刺槐、合欢等可用70 ℃以上的高温浸种，沸水浸种处理是生产实践中处理苏木科、蝶形花科、含羞草科植物种子的常用方法。

2. 机械处理

此方法适用于种皮坚硬的种子，种子量大可用电动碾米机处理，种子量小可在种子内放入粗沙、碎玻璃等物人工摩擦，如莲花种子。其作用是在摩擦过程中划破种皮，使其能正常吸水，为种子发芽创造条件。皮外有蜡质、油脂、胶质的种子，用人工摩擦的方法可以磨去种皮外蜡质、油脂、胶质，从而增加种子透性，促进发芽。有些种子可以去掉种皮，取出种仁播种，如桃、李、杏、板栗。

3. 药剂处理

此方法适用于硬实含量较多及种皮外有蜡质、油脂、胶质的种子。常用药剂有：无机酸类，如硫酸、盐酸、硝酸；无机盐类如硫酸钾、碳酸氢钠等。凡种壳具有油蜡质如车梁木、黄连木、乌桕、花椒等种子，用1%的苏打水浸种12 h，可以去油蜡并使其种皮软化。此外，凡种皮透性很差的硬壳种子，可用浓硫酸酸蚀处理。因为硬实种子的不透水层为种皮的栅栏组织和角质层，只要腐蚀局部种皮，打破栅栏组织的屏障，就可解除硬实，提高发芽率。酸蚀种子浸泡时间应视种粒大小、种壳厚薄而有所变化。一般是当种皮出现孔纹时，即可停止腐蚀，并将种子放入流水中充分洗涤，即用化学药剂（小苏打、对苯二酚、溴化钾）、微量元素（硼、锰、锌、铜）、赤霉素

等溶液浸种，可以解除种子休眠，加强种子内部的生理活动（酶的活动、养分的转化、胚的呼吸作用等），促进种子提早萌发，使种子发芽整齐，幼苗生长健壮。

4. 层积处理

此方法适用于种胚未成熟的种子或坚硬的核果类种子，以及含有发芽抑制物质的种子和多因素引起休眠的种子。层积处理常用洁净的过筛河沙作层积材料，先用水浸泡种子，使之吸水膨胀，再与调好湿度的细沙按比例混拌或分层放置。

作用：一是可以软化种皮，增加透性；二是可以使种子内含有的抑制物质逐渐消失，而生长激素逐渐增加；三是种子在层积催芽过程中，新陈代谢总的方向和过程与发芽是一致的，这样有利于种子的生命活动向好的方向发展。层积处理的方法除露天坑藏外，还有室内堆积、容器层积、雪藏及冰冻等，具体方法与树种、层积时间及环境条件等因子有关。

层积催芽的条件：适温；湿润，间层物（蛭石、河沙等）湿度 60 % 左右；通气，根据层积温度的不同，可以将其分为 3 类。

（1）低温层积（0~10 ℃）。蔷薇属多数种子必须经过低温层积，其所需时间也有长有短；对于一些深休眠的种子可加长冷层积时间，如峨眉蔷薇、细梗蔷薇、小果蔷薇需要短时间冷温的浅休眠种子，可在早春 2—3 月播种，播前的种子处理视种子而异，如长尖叶蔷薇种子则无需作任何处理。低温层积的作用促使黄连种子抑制类物质逐步分解，而生长类物质逐步增加，从而使种子解除休眠而萌发。适宜的预湿冷层积加速了落叶松种子萌发，促进发芽整齐，幼苗生长健壮。在其他观赏植物种子研究中发现，低温层积对红花木莲、山杏、假连翘、铅笔柏、野生木旬子、杜仲、栾树、北美鹅掌楸等种子都有利于抑制物进一步降解，使内源激素达到平衡，从而加速种子萌发，提高发芽率，加快幼苗生长。

（2）变温层积。变温层积催芽是用高温与低温交替进行的层积催芽法，即先高温后低温，必要时再用高温进行短时间的催芽。某些树种只用低温层积催芽的效果不好，而用变温层积催芽却往往能取得良好的效果。刺楸种子表现为深休眠，主要是由于胚的发育不完全和未能完成形态成熟所致。采用适宜的温度进行沙藏，以先 15 ℃ 左右后 5 ℃ 阶段低温或以 5~15 ℃ 昼夜变温处理种子，可促进胚的形态成熟，打破休眠，促进种子发芽。而在 0~5 ℃ 低温或超过 25 ℃ 的高温条件下沙藏，均不利于种胚发育而不能打破休眠。这可能是因为变温比恒温更接近于刺楸种子长期经历的自然条件，能促打破种子休眠，加快种子萌发。南方红豆杉种子休眠期长，自然条件下一般要经过两冬一夏到第3年才能萌发，且萌芽缓慢，出苗不齐，形成的幼苗抗逆性差，成活率低，而采用先暖温后低温的变温层积处理，300~360 d休眠解除。南方红豆杉种子采用脱除种子外被蜡质层，低—暖—低变温层积结合植物生长调节剂及微量元素处理的解除休眠技术；经该技术处理的种子，约120 d休眠解除，只要土壤温度适宜（18~25 ℃），播种后30 d左右即可正常萌发，出苗整齐，成活率高；该技术的建立使当年（11—12月）采收的种子，翌年春（3—4月）即可播种育苗成为现实。此外在其他观赏植物种子研究中，如水红木、浙江楠、紫楠等都发现变温层积有着良好的效果。

（3）高温层积（10 ℃以上）。高温层积又称暖层积。研究紫荆种子时发现紫荆种子用浓硫酸酸蚀30 min后，再于13~17 ℃条件下混湿沙层积20~30 d即可解除休眠，0~5 ℃冷层积远不如13~17 ℃暖层积效果好。研究白鹃梅种子时发现暖层积有利于种皮内的抑制物质——单宁向外弥散，解除了对种胚的抑制作用，同时更有利于种胚的进一步后熟和活力水平的提高。此外，在其他观赏植物种子研究中，如阔瓣含笑、鸡树条荚蒾都发现暖层积比冷层积效果好。这可能是由于上述树种均为亚热带、热带树种，其要求的层积温度也相应较高。

5. 激素处理

激素处理适用于需要形态后熟和生理后熟（特别是需要低温后熟）的种子，含有发芽抑制物质的种子，以及种子内缺少生长激素或激素呈钝化状态的种子。用激素处理种子，能使种子内部发生一系列生理生化变化，缩短休眠期，促进萌发。有的种子用激素处理后不经低温也能发芽。所用激素主要有赤霉素、激动素、吲哚乙酸、萘乙酸、乙烯利等。赤霉素的作用不仅可在常温下完成，如点地梅、落新妇、早开堇菜；而且其效应也可在低温（≥0 ℃）中充分发挥，如铃兰、紫花地丁、早开堇菜及阴地堇菜。采用1 500 mg/L外源赤霉素处理红花木莲种子24 h，种子可解除休眠在黑暗中充分萌发。山杏种皮内含有抑制种子萌发的物质，通过用赤霉素500 mg/L处理可打破休眠，促进萌发。此外，对于某些需要低温层积的种子，用赤霉素处理可代替低温层积并优于低温层积，紫荆种子若用250 mg/L赤霉素水溶液浸泡种子24 h，可代替湿沙层积，发芽率达90 %。采用不同的方法对黄连木的种子进行处理，试验结果表明，赤霉素100 mg/L溶液处理再经低温沙藏20 d，可显著提高种子发芽，发芽率达到 26.7 %（对照 16.2 %），并缩短种子萌发时间。采用 0.05 %赤霉素处理四照花的种子，能有效地提高种子的发芽率，并且能使其种子发芽的时间提前。用 0.05 %赤霉素溶液处理的狭叶四照花种子的发芽率虽与未使用 0.05 %赤霉素溶液处理的土播种子没有显著差异，但用赤霉素处理种子后，赤霉素能诱导水解酶的产生，使种子中的储藏物质从大分子水解为小分子，如淀粉水解为糖，蛋白质水解为各种氨基酸，这样就易为胚所利用，促进种子萌发。在西藏野生大花红景天种子处理与发芽试验中发现赤霉素浓度在 0.25 mg/L 处理 4 h，发芽率高，效果最佳，但提醒栽培者注意赤霉素还可以促进细胞伸长，引起幼苗徒长，产生玻璃苗。因此，生产中用赤霉素处理种子后立即用清水冲洗数分钟。

6. 综合处理

有些观赏植物的种子需要几种催芽法综合采用，才能打破种子的休眠，促进种子发芽。采摘当年的南方红豆杉种子洗干净后，播种前，先用 50°白酒和 40 ℃的温水（1∶1）浸种 20 min，捞出后再用 500 mg/kg 赤霉素浸泡 24 h，能诱导水解酶的产生，促其萌发。卫矛种子因为有假种皮，种子内含油量高，休眠期长，采用一般处理方法不易出苗，研究发现，卫矛种子调制后露天埋藏 2 年，播种前 10 d 内取出，高温催芽，其种子发芽率达 96 %，发芽天数只需 8 d。池杉种子用 40 ℃温水浸种后低温层积催芽，发芽率可达 85 %。将刺槐种子用 90 ℃水浸种 24 h，吸胀后倒入容器内，上覆湿纱布，置于 3~5 ℃低温下处理 5 d，能明显提高种子的发芽率和活力指数，使种子早发芽，发芽整齐。花楸种子用 4 种方法处理后，比较其发芽率，发现采用 5 %的小苏打水搓洗，再用 $50×10^{-6}$ kg/L 赤霉素浸泡 6~8 h，然后混沙置于 0~5 ℃的低温下层积处理，有较高的发芽率。以低温吸胀的青钱柳种子为材料，采用酸蚀、赤霉素浸种或赤霉素拌沙层积等措施进行处理后，对种子的萌发情况和层积过程中储藏物质的变化进行研究，结果表明，种子成熟脱落后经历的冬季雨雪作用已部分或完全解除了它的初生休眠，人为地中断冷层积及其他因素综合作用可能导致种子进入次生休眠，酸蚀后在（23±2）℃条件下层积的种子发芽率仅为 10.3 %，而酸蚀后又经赤霉素浸种和赤霉素拌沙低温层积的发芽率可提高到 44.7 %。厚荚相思种子是硬实性种子，采用浓硫酸处理 25 min，然后放入沸水浸泡 20 min，处理后播种，萌发率可达 95 %。李爱平等（2008）进行了北美樱桃圆柏种子处理对发芽率影响的研究，得出结论，北美樱桃圆柏在播种前需要用 100 ℃温水速烫种皮并不断搅动，然后冷却到室温浸种 24 h 后，将水倒出，用 1∶3 湿沙混合均匀后在

0~4 ℃冷藏 20 d，其发芽率和保苗率最高。

对于一种休眠种子或一种休眠类型有多种处理方法，生产中采用的方法在考虑效果的同时还要注意降低生产成本，即以最低的投入达到最好的效果。造成种子休眠的各种因素之间有着密切的关系，有时一种因素被消除，另一种或一些因素随之也被解决。因此，弄清引起种子休眠的各种原因从中找出主导因子，对于有针对性地进行种子催芽有着重要的意义。综上所述，观赏植物种子适时采收、适当储藏、适宜催芽，可提高种子活力，促进种子萌发，提高观赏植物产量和品质。同时，由于观赏植物品质的改善，可以减少相关化学物质的投入，降低生产成本，创造更多的经济效益。

第四节　园林观赏特色植物播种繁殖

一、园林观赏特色植物播前种子和土壤处理

1. 种子精选

种子精选是指剔除种子中的各种夹杂物，如种翅、鳞片、果皮、果柄、枝叶碎片、瘪粒、破碎粒、石块、土粒、废种子及异类种子等的过程。精选后提高了种子纯度，有利于储藏和播种，播种后发芽迅速，出苗整齐，便于管理。

2. 种子消毒

种子消毒可杀死种子本身所带的病菌，保护种子免遭土壤中病虫侵害。这是育苗工作中一项重要的技术措施，多采用药剂拌种或浸种方法进行。常用的消毒方法有以下 3 种。

（1）浸种消毒。把种子浸入一定浓度的消毒溶液中，经过一定时间，杀死种子所带病菌，然后捞出阴干待播。常用的消毒药剂有 0.3 %~1 % 的硫酸铜溶液、0.5 %~3 % 的高锰酸钾溶液、0.15 % 的甲醛（福尔马林）溶液、0.1 % 的升汞（氯化汞 $HgCl_2$）溶液、1 %~2 % 的石灰水溶液、0.3 % 的硼酸溶液和 200 倍的甲基托布津溶液等。消毒前先把种子浸入清水中 5~6 h，然后再进行一定时间的药剂浸种消毒，最后捞出用清水冲洗。

（2）拌种消毒。把种子与混有一定比例药剂的园土或药液相互掺和在一起，杀死种子所带病菌，防止土壤中病菌侵害种子。常用的药剂有赛力散（磷酸乙基汞 $C_2H_5HgH_2PO_4$）、西力生（氯化乙基汞 $C_2H_5Hg_5Cl$）、土壤散

（五氯硝基苯）、敌克松（对二甲胺基苯重氮磺酸钠）、退菌特等。

（3）晒种消毒。对耐强光的种子可以对其进行消毒。种子消毒过程中，应注意药剂浓度和操作安全，胚根已突破种皮的种子消毒易受害。

3. 土壤消毒

土壤是传播病虫害的主要媒介，也是病虫繁殖的主要场所，许多病菌、虫卵和害虫都在土壤中生存或越冬，而且土壤中还常有杂草种子。土壤消毒可消灭土壤有害生物，为种子和幼苗创造有利的土壤环境。土壤常用的消毒方法如下。

（1）火焰消毒。一般采用燃烧消毒法，在露地苗床上，铺上干草，点燃可消灭表土中的病菌、害虫和虫卵，翻耕后还能增加一部分钾肥。

（2）溴甲烷消毒。溴甲烷是土壤熏蒸剂，可防治真菌、线虫和杂草。一般用药量为 50 g/m^2，将土壤整平后用塑料薄膜覆盖，四周压紧，然后将药罐用钉子钉一个洞，迅速放入膜下，熏蒸 1~2 d，揭膜散气 2 d 后再播种。在常压下，溴甲烷为无色无味的液体，对人类剧毒，临界值为 0.065 mg/L。必须经专业人员培训后方可使用，操作时要佩戴防毒面具。

（3）甲醛消毒。甲醛也叫福尔马林。使用时，用 50 倍 40 % 的甲醛溶液浇灌土壤至湿润，用塑料薄膜覆盖，经 14 d 后揭膜，待药液挥发后再播种。一般 1 m^3 培养土均匀撒施 50 倍的甲醛 400~500 mL。此药的缺点是对许多土传病害如枯萎病、根癌病及线虫等效果较差。

（4）硫酸亚铁消毒。用硫酸亚铁干粉按 2 %~3 % 的比例拌细土撒于苗床，每公顷用药土 150~200 kg。

（5）石灰粉消毒。石灰粉既可杀虫灭菌，又能中和土壤的酸性，南方多用。一般每平方米床面用 30~40 g 石灰粉，或每立方米培养土拌入 90~120 g 石灰粉。

（6）硫黄粉消毒。硫黄粉可杀死病菌，也能中和土壤中的盐碱，多在北方使用。用药量为每平方米床面用 25~30 g，或每立方米培养土拌入 80~90 g。

此外，还有很多药剂，如多菌灵、恶霉灵、氯化苦、五氯硝基苯、漂白粉等，也可用于土壤消毒。近几年，我国从德国引进一种新药——必速灭颗粒剂，是一种广谱性土壤消毒剂，已用于高尔夫球场草坪、苗床、基质、培养土及肥料的消毒。用量一般为 1.5 g/m^2 或 60 g/m^3 基质，大田 15~20 g/m^2。施药后要 7~15 d 才能播种，此期间可松土 1~2 次。育苗土用量少时，也可用锅蒸消毒、消毒柜消毒、水煮消毒、铁锅炒烧消毒等方法。

二、园林观赏植物播种期的确定

播种期的确定是育苗工作的重要环节，适合的播种时期不但能使种子提早发芽，提高发芽率，还能使出苗整齐，苗木生长健壮，苗木的抗旱、抗寒、抗病能力强，同时还能节省土地和人力。播种期的确定要根据植物的生物学特性和当地的气候条件，掌握适种、适地、适时的原则。

1. 春季播种

春播在种苗生产中应用最广泛，适合我国大多数植物。春播的主要优点为从播种到出苗的时间较短，能够相应减少圃地的管理次数。春季土壤湿润、不板结，气温比较适合种子萌发，出苗整齐，苗木生长期较长。幼苗出土后温度逐渐升高，能够避免低温以及霜冻的危害。春播受到鸟、兽、病、虫的危害较少。春播宜早不宜晚，在土壤解冻后就要开始整地、播种，在生长季较短的地区更要早播。早播苗木出土早，在炎热的夏季到来之前，苗木已木质化，可以提高苗木抗日灼伤的能力，对于培养健壮、抗性强的苗木有利。

2. 夏季播种

许多种子也可以在夏季播种，但是夏季天气炎热，太阳辐射较强，土壤容易板结，对幼苗生长不利。杨、柳、桑和桦等一些夏季成熟不耐储藏的种子，可以在夏季随采随播。最好在雨后播种或播种前浇透水，有利于发芽，播种后应保持土壤湿润，降低地表温度。夏播应尽量提早，以使苗木在冬前基本停止生长，木本植物充分木质化，以利于安全越冬。

3. 秋季播种

有些植物的种子在秋季播种比较好，秋播还有变温催芽的功能，能够使种子在苗圃地中通过休眠期，完成播前的催芽阶段。幼苗出土早而整齐，幼苗健壮，成苗率高，增强苗木的抗寒能力。经过秋季的高温和冬季的低温过程，起到变温处理的作用，翌年春季出苗，能够缓解春季作业繁忙和劳动力紧张的矛盾。秋播时间通常可以掌握在 9—10 月。适宜秋播的植物主要有红松、水曲柳、白蜡和椴树等休眠期长的植物。种皮坚硬或大粒种子有栎类、核桃楸、板栗、文冠果、山桃、山杏和榆叶梅等。二年生草本花卉和球根花卉较耐寒，可以在低温下萌发、生长、越冬，如郁金香、三色堇等。

4. 冬季播种

冬播实际上是春播的提早及秋播的延续。我国北方通常冬季在温室播种，南方一些地区如果气候条件适宜，可冬播。我国北方地区以春播为主，冬季多数温室播种为辅。南方地区冬春都有播种。长江中下游的大部分地区分为春播和秋播。随着苗木生产的发展，人们越来越多地采用保护地条件下的播种，更多地考虑开花期，播种时间的限制越来越少，只要环境条件适合，又满足所播种苗木的习性都可以进行。

5. 随采随播

有些树种如蜡梅、白玉兰、广玉兰、枇杷及一些花卉如非洲菊、仙客来、报春、大岩桐等，因种子含水量大，失水后容易丧失发芽力或寿命缩短，采摘后最好随即播种。

三、园林观赏植物播种量的确定

播种量是指单位面积上播种种子的重量。适宜的播种量既不浪费种子，也有利于提高苗木的产量和质量。播种量大，不但浪费种子，还带来间苗的费工费时。同时，苗木密度大，还会竞争营养，易感病虫，苗木质量下降。播种量小，产苗量低，容易生杂草，管理费工，还浪费土地。所以，生产上可以依据下面的计算方法计算播种量。

$$X = C \times A \times W/P \times G \times 1\ 000^2$$

式中，X 为单位面积或长度上育苗所需的播种量（kg）；A 为单位面积或长度上产苗数量（株）；W 为种子的千粒重（g）；P 为种子的净度（%）；G 为种子的发芽率（%）；C 为损耗系数；1 000^2 为常数。

损耗系数因自然条件、圃地条件、树种、种粒大小和育苗技术水平而异。一般认为，种粒越小，损耗越大，如大粒种子（千粒重在 700 g 以上），$C=1$；中小粒种子（千粒重在 3～700 g），$1<C<5$；极小粒种子（千粒重在 3 g 以下），$C=10～20$。确定播种量时，力求用最少的种子，生产出最多的苗木。以上公式计算的是最低限度的播种数量，还应把苗床预期的损失计算在内。在实际生产中播种量应考虑土壤质地板结、气候冷暖、雨量多少、病虫灾害、种子大小、直播或育苗、播种方式、耕作水平、种子价格等情况，比计算出的播种量要高。

四、播种方式和工序

播种方式大体可分为田间播种、容器播种和设施播种，其中设施播种又可分为设施苗床播种和设施容器播种。

（一）田间播种

田间播种是将种子直接播于露地床（畦、垄）上，通常绝大多数园林树木种子或大规模粗放栽培均可用此方式。

1. 播种方法

生产中，根据种粒的大小不同，采用不同的播种方法。一般种子分为大、中、小3级，园林树木通常按千粒重的大小进行划分：千粒重大于700 g 为大粒种子、千粒重在3~700 g 为中粒种子、千粒重小于3 g 为小粒种子；园林花卉通常按种粒的大小进行划分：粒径大于5 mm 为大粒种子、粒径在2~5 mm 为中粒种子、粒径小于2 mm 为小粒种子。

（1）撒播。撒播是将种子均匀地播撒在苗床上。撒播主要用于小粒种子，如杨、柳、桑、泡桐、悬铃木等的播种。撒播播种速度快，产苗量高，土地充分利用，但幼苗分布不均匀，通风透光条件差，抚育管理不方便。

（2）条播。条播是按一定株行距开沟，然后将种子均匀地播撒在沟内。条播主要用于中小粒种，如紫荆、合欢、国槐、五角枫、刺槐等的播种。当前生产上多采用宽幅条播，条播幅宽10~15 cm，行距10~25 cm。条播播种行一般采用南北方向，以利光照均匀。条播用种少，幼苗通风透光条件好，生长健壮，管理方便，利于起苗，可机械化作业，生产上广泛应用。

（3）点播。点播是按一定株行距挖穴播种或按一定行距开沟，再按一定株距播种的方法。一般行距为30 cm 以上，株距为10~15 cm。点播主要适用于大粒种子或种球，如板栗、核桃、银杏、香雪兰、唐菖蒲等的播种。点播时要使种子侧放，尖端与地面平行。点播用种量少，株行距大，通风透光好，便于管理。

2. 播种工序

（1）播种。播种前将种子按亩或按床的用量进行等量分开，用手工或播种机进行播种。撒播时，为使播种均匀，可分数次播种，要近地面操作，以免种子被风吹走；若种粒很小，可提前用细沙或细土与种子混合后再播。条播或点播时，要先在苗床上拉线开沟或划行，开沟的深度根据土壤性质和种子大小而定，开沟后应立即播种，以免风吹日晒土壤干燥。播种前，还应考虑土壤湿润状况，确定是否提前灌溉。

（2）覆土。播种后应立即覆土。覆土厚度需视种粒大小、土质、气候而定，一般覆土深度为种子横径的1~3 倍。极小粒种子覆土厚度以不见种子为度，小粒种子厚度为0.5~1 cm，中粒种子1~3 cm，大粒种子3~5 cm。黏质土壤保水性好，宜浅播；沙质土壤保水性差，宜深播。潮湿多雨季节宜浅播，干旱季节宜深播。春夏播种覆土宜薄，北方秋季播种覆土宜厚。一般苗圃地土壤较疏松的可用床土覆盖，而土壤较黏重的，多用细沙土覆盖，或者用腐殖质土、木屑、火烧土等。要求覆土均匀。

（3）镇压。播种覆土后应及时镇压，将床面压实，使种子与土壤紧密结合，便于种子从土壤中吸收水分而发芽。对疏松干燥的土壤进行镇压更为重要，若土壤为黏重或潮湿，不宜镇压。在播种小粒种子时，有时可先将床面镇压一下再播种、覆土。一般用平板压紧，也可用木质滚筒滚压。

（4）覆盖。镇压后，用草帘、薄膜等覆盖在床面上，以提高地温，保持土壤水分，促使种子发芽；覆盖要注意厚度，使土面似见非见即可；并在幼苗大部分出土后及时分批撤除；一些幼苗，撤除覆盖后应及时遮阳。

（二）容器播种

容器播种是将种子播于浅木箱、花盆、育苗钵、育苗块、育苗盘等容器中，尤其在花卉生产中对于数量较少的小粒种子多采用这种播种方式育苗。因容器的摆放位置可以随意挪动，容器上可以进行覆盖保湿等特点，所以可获得更高的发芽率和成苗率，减少种子损耗，且移植较易成活。

1. 播种容器

不同种类的育苗容器，形状各不相同。

（1）育苗钵。即在钵状容器中装填播种基质，也可直接将基质如泥炭、培养土等压制成钵状。如用聚氯乙烯或聚乙烯制成不同规格的杯状塑料钵，填入基质；或以泥炭为主要成分，再加入一些其他有机物，用制钵机压制成圆柱形的泥炭营养钵；或以纸或稻草为材料制成的纸钵、草钵等。

（2）育苗块。将基质压制成块状，外形一般为立方体或圆柱形，中间有小孔，用于播种或移入幼苗。无论何种基质，压制成的育苗块都要求"松紧适度，不硬不散"。目前国外推广一种压缩成小块状的营养钵，也称"育苗碟"，具有体积小、使用和搬运方便等优点，种类较多。如基菲7号育苗小块，是由草炭、纸浆、化肥再加上胶状物压缩成圆形的小块，外面包以有弹性的尼龙丝网状物。小块直径4.5 cm，厚7 mm，使用时喷水，便可膨胀而成高5~6 cm的育苗块。

（3）育苗盘。又叫穴盘、播种盘、联体育苗钵。由聚苯乙烯泡沫或聚乙烯醇等材料制成，具有很多小孔（或称塞子）。小孔呈塞子状，上大下小，底部有排水孔。在小孔中盛装泥炭和蛭石等混合基质，用精量播种机或人工播种，一孔育一苗。长成的幼苗根系发达，移植时根系连同基质可一起脱出，定植后易成活，生长好，适于专业化、工厂化、商品化生产，成批出售。穴盘的规格大致有以下几种：72 穴盘（穴孔长×宽×高 = 4 cm×4 cm× 5.5 cm，下同）、128 穴盘（3 cm×3 cm×4.5 cm）、200 穴盘（2.3 cm× 2.3 cm×3.5 cm）、392 穴盘（1.5 cm×1.5 cm×2.5 cm）等。也有为本木植物育苗设计的专用穴盘，主要是在普通穴盘的基础上，增加盘壁的厚度，增强抗老化性，使用寿命可达 10 年以上，如 96T、60T 等不同型号。

（4）育苗形式。传统育苗形式，通常需要一至多次的苗木移植，移植后的幼苗都有一段时间的缓苗期。为了保证移植时幼苗不伤根或少伤根，避免或缩短缓苗期，在现代播种育苗技术中已广泛采用以上各种各样的容器来保护根系，并结合设施栽培，实现园林植物育苗工厂化。我国很多城市及企业也在着力培育种苗产业，逐步实现种苗生产工厂化。

2. 播种基质

容器播种或栽培的园林植物生长在有限的容器里，与地栽植物相比，有许多不利因素，为了获得良好的效果，播种基质最好具有以下特点：第一，有良好的物理性质和化学性质，持水力强，通气性好；第二，质地均匀，质量轻，便于搬运，其体积在潮湿和干燥时要保持不变，干燥后过分收缩的不宜使用；第三，不含草籽、虫卵，不易传染病虫害，能经受蒸汽消毒而不变质；第四，最好能就地取材或价格低廉。

生产上通常用几种基质材料混合来满足容器播种用土的需要。这种改良后的土壤称为播种基质或人工培养土。通常用泥炭、蛭石、珍珠岩、细沙、陶粒、园土等进行选择搭配使用，如可将草炭、蛭石、珍珠岩按 1：1：1 混匀作为穴盘育苗培养土。不同植物种类、不同地区使用的基质配方也不尽相同。

（1）一般生产者用育苗基质。1 份泥炭、2 份砻糠灰、1 份腐叶土、1 份园土，再加少量厩肥和沙子。

（2）国外的 2 种播种基质配方。英国播种用混合土，2 份壤土加 1 份碎泥炭藓加 1 份净细沙，上述混合土中每立方米加入 117 g 过磷酸钙和 58 g 石灰石粉。因为培养土中含有土壤，必须经蒸汽消毒并过细筛。英国温室作物研究所开发 GCRI 混合土，播种基质为泥炭：细沙 = 1：1，盆栽基质为泥炭：细沙 = 3：1。

3. 播种方式

因播种容器差异较大，下面仅重点介绍瓦盆与穴盘播种方法，其他容器播种可参照进行。

（1）瓦盆播种。选好瓦盆（新瓦盆用水浸泡过，旧瓦盆要浸泡清洗干净，最好消毒过），用破瓦片把排水孔盖上（留有适宜空隙），再放入约 1/3 盆深的干净瓦片、小石子、陶粒或木炭等（以利排水），然后填装基质，把多余的基质用木板在盆顶横刮除去，再用木板稍轻压严基质，使基质表面低于盆顶 1~2 cm。把种子均匀撒在基质上（或大粒种子点播），然后用木板轻轻镇压使种子与基质紧密接触，根据种子大小决定是否需要再覆基质。浇水用喷细雾法或浸盆法。浸盆法就是双手持盆缓缓浸于水中，注意水面不要超过基质的高度，如此通过毛细管作用让基质和种子湿润，湿润之后就把盆从水中移出并排干多余的水，将盆置于蔽荫处，盖上玻璃或塑料薄膜，以保持基质湿润。如果是嫌光性种子，覆盖物上需再盖上报纸。

（2）穴盘播种。播种量较少时可采用人工播种方法。将草炭、蛭石、珍珠岩按 1：1：1 混匀，填满育苗盘，稍加镇压，喷透水。播前 10 h 左右处理种子，可用 0.5 % 高锰酸钾浸泡 20 min 后，再放入温水中浸泡 10 h 左右，取出播种，也可晾至表皮稍干燥后播种，但 1 次处理的种子应尽量当天播完。播种时，可用筷子打孔，深约 1 cm，不能太深，播种完 1 盘后覆盖基质，然后喷透水，保持基质有适宜的湿度。专业穴盘种苗生产企业多采用精量播种生产线，完成从基质搅拌、消毒、装盘、压穴、播种、覆盖、镇压到喷水的全过程，实现商品化、工厂化生产。

（三）设施播种

设施播种，特别是在现代化温室内进行播种，比露地播种具有更多的好处，如能避免不良环境造成的危害，节省种子，控制并使种子发芽快速均匀整齐，幼苗生长健壮，减少病虫害的发生，使供应特殊季节和特殊用途的生产计划得以实现等。在花卉业发达的国家，所有温室和室内植物都在设施内播种育苗，其大规模的花卉生产就是以温室播种育苗生产为基础，而且机械化程度高。

设施播种的设施有温室、塑料大棚、温床、冷床等。在设施内可用苗床或各种容器进行播种及移植，播种的基质及播种方法与上述播种基本相同。

在可控温的温室内，可自如地控制种子发芽和幼苗生长对温度的需求，一年四季都可进行播种育苗。现代化温室中，种子发芽后，幼苗给予高温（约 30 ℃）、强光（人工光照至少为 2 000 lx）、每天至少 16 h 的光照、人工提高空气中 CO_2 的浓度（2 000 μg/g）、60 % 以上的相对湿度，能够充分得到速生优质的苗。

第五节　播种后的管理

播种后，在幼苗出土前及苗木生长过程中，要进行一系列的养护管理。播种苗生长不同时期及不同的播种方式，其管理措施也不尽相同。

一、播种苗各时期的生长特点

播种苗从播种开始到当年休眠为止，经历各不同的生长时期，对环境的要求也不相同。尤其园林树木表现更为明显。

1. 出苗期

种子播种后到幼苗出土前。种子萌发需要充足的水分、适宜的温度、一定的氧气，一般情况下，种实萌发的温度要比生长适温高 3~5 ℃。所以播种基质要求疏松、湿润且温度适宜。这一时期的持续时间因植物种类、播种季节、催芽方法及当地条件不同而不同。通常草本植物及夏播的树种一般需要 1~2 周，春播的树种则需要 3~5 周乃至更长。

2. 生长初期

幼苗出土后到苗木生长旺盛期。一般为 3~8 周。影响这一时期生长的主要环境因子是水分，其次是光照、温度和氧气。对土壤磷、氮的要求较为敏感。这一时期主要的育苗任务是提高幼苗保存率，促进根系生长。主要技术措施是要进行适当的灌溉、间苗、松土除草、适量施肥，并且应该在保证苗木成活的基础上进行蹲苗，促进根系生长。

3. 速生期

从幼苗加速生长开始到生长下降时为止，一般为 10~15 周。影响这一时期生长的主要环境因子是土壤水分、养分和气温。在这一时期，苗木的根、茎、叶生长都非常旺盛，其主要育苗任务是采取各种措施满足苗木的生长，提高苗木质量。主要技术措施应进行施肥、灌水、松土除草。但在速生后期，也应节制肥水，使苗木安全越冬。

4. 生长后期

速生期结束到休眠落叶时止。这一时期的主要育苗任务促使幼苗木质化，形成健壮的顶芽，使之安全越冬。主要技术措施应停止施肥灌水，控制幼苗生长，北方应采取各种防寒措施保护幼苗。

二、播种后的管理

1. 出苗前的管理

（1）撒出覆盖物。田间播种及育苗钵或育苗块播种，在种子发芽时，应及时稀疏覆盖物，出苗较多时，将覆盖物移至行间，苗木出齐时，撤出覆盖物。若用塑料薄膜覆盖，当土壤温度达到 28 ℃时，要掀开薄膜通风，幼苗出土后撤出。温室内加盖薄膜保湿的，早晚也要掀开几分钟有利于通风透气。

（2）喷水。一般播种前应灌足底水。在不影响种子发芽的情况下，播种后应尽量不灌水。以防降低土温和造成土壤板结。出苗前，如苗床干燥也应适当补水。常采用喷灌的方式。育苗钵、育苗块等容器育苗，最好采用滴灌的方式。

（3）松土除草。田间播种，幼苗未出土时，如因灌溉使土壤板结，应及时松土；秋冬播种早春土壤刚化冻时应进行松土。松土不宜过深。

（4）遮阳。遮阳是为了防止日光灼伤幼苗和减少土壤水分蒸发而采取的降温、保湿措施。幼苗刚出土，组织幼嫩，抵抗力弱，难以适应高温、炎热、干旱等不良环境条件，需要进行遮阳保护。有些树种的幼苗特别喜欢蔽荫环境，如红松、云杉、紫杉、白皮松、含笑等，更应给予充分的遮阳。遮阳一般在撤除覆盖物后进行，常搭成一个高 0.4~1.0 m 平顶或向南北倾斜的荫棚，用竹帘、苇席、遮阳网等作遮阳材料。遮阳时间为晴天上午10：00到下午17：00左右，早晚要将遮阳材料揭开。每天的遮阳时间应随苗木的生长逐渐缩短，一般遮阳 1~3 个月，当苗木根茎部已经木质化时，应拆除荫棚。

2. 间苗与补苗

为调整苗木疏密，为幼苗生长提供良好的通风、透光条件，保证每株苗木需要的营养面积，需要及时间苗、补苗。

间苗的时间和次数，应以苗木的生长速度和抵抗能力的强弱而定。大部分阔叶树种，如槐树、君迁子、刺槐、榆树、白蜡、臭椿等，幼苗生长快，抵抗力强，可在幼苗出齐后，长出 2 片真叶时一次性间完。大部分针叶树种，如落叶松、侧柏、水杉等，幼苗生长缓慢，易遭干旱和病虫为害，可结合除草分 2~3 次间苗。第 1 次间苗宜早，可在幼苗出土后 10~20 d 进行，第 2 次在第 1 次间苗后的 10 d 左右，最后 1 次为定苗，定苗留苗数应比计划产苗数量高 5 %~10 %。间苗的原则是间小留大，去劣留优，间密留稀，全苗等距。间苗时间最好在雨后或土壤比较湿润时进行。间苗时难免要带动保留苗的根系，间苗后应及时灌溉，以淤塞间苗留下的苗根空隙，防止保留苗因根系松动而失水死亡。对幼苗疏密不均或缺苗的现象，要及时补苗。补苗应结合间苗进行，要带土铲苗，植于稀疏空缺处，按实，浇水，并根据需要采取遮阳措施。

3. 截根

截根是用利器在适宜的深度将幼苗的主根截断。主要适用于主根发达而侧须根不发达的树种。截根能促进幼苗多生侧根和须根，限制幼苗主根生长，提高幼苗质量。一般在生长初期末进行，截根深度 8~15 cm。有些树种在催芽后就可截去部分胚根，然后播种。

4. 幼苗移栽

幼苗移栽常见于种子稀少的珍贵树种的育苗、种子极细小且幼苗生长很快的树种育苗以及穴盘育苗、组培育苗等幼苗的移栽。桉树、泡桐以及大田育苗困难的落叶松等，生产上常在专门的苗床上播种，待幼苗长出几片真叶后，移栽到苗圃地上。移栽最好在灌溉后的 1~2 d 的阴天进行。移栽时间因树种而异，落叶松以芽苗移栽成活率最高，阔叶树种在幼苗生出 1~2 片真叶时移栽为宜。移栽时要注意株行距一致，根系伸展，及时灌水。

用浅木箱或瓦盆进行容器播种育苗，由于播种较密，在幼苗生长拥挤之前必须进行移植。移植用的容器和基质可与播种用的相同。移植时可用左手手指夹住 1 片子叶或真叶，右手拿竹签插入基质中把整个苗撬起，不要伤根，尽量带土，然后移至容器中。栽植深度要与未移植时的深度相同，间距 2~3 cm，然后浇定根水。实际生产中，常常需要多次移植，直至苗木出售或定植。

在温室等设施内播种培育出的幼苗，如果要移植至露地栽植，因设施内与露地的气候差异，移出之前必须先经过为期 7~10 d 的"炼苗"过程，其目的是让幼苗生长受抑制，使其体内糖的积累增多，以便更好地抵抗不良的环境条件。其措施是控制对幼苗的水分供应，降低温度，并逐渐由温室（或温床）移至与露地相同的环境条件下。

总之，幼苗根系比较浅、细嫩，叶片组织薄弱，对高温、低温、干旱、缺水、强光、土壤等适应能力差，因此幼苗移栽后需立即进行管理，根据不同情况，采取遮阳、喷水（雾）等保护措施，等幼苗完全恢复生长后及时进行叶面追肥和根系追肥。

5. 松土除草

松土除草是田间苗木生长期最基本和最繁重的日常管理工作，而在设施和容器育苗中，则基本上避免了该项操作。

松土即中耕。松土可疏松土壤，减少土壤水分损失，改善土壤结构，同时消除杂草，有利于苗木的生长发育。松土常在灌溉或雨后 1~2 d 进行。但当土壤板结，天气干旱，水源不足时，即使不需除草，也要松土。一般苗木生长前半期每 10~15 d 1 次，深度 2~4 cm；后半期每 15~30 d 1 次，深度 8~10 cm。松土要求全面、均匀，不要伤害苗木。

生长季节及时除草。杂草不仅与苗木争夺养分和水分，危害苗木生长，而且还传播病虫害。除草就要"除早、除小、除了"。整地、适时早播、保持合理密度，可以抑制杂草生长；杂草刚刚发生时，容易斩草除根；到杂草开花结实之前必须一次性彻底清除，否则一旦结实，需多次反复或甚至多年清除。除草时应尽量将杂草的地下部分全部挖出，以达到根治效果。若采用人工除草，做到不伤苗，草根不带土，除草后土壤疏松，同时兼有中耕作用。目前化学除草剂使用比较广泛，效果好，效率高，但要谨慎选择合适的除草剂和使用适宜的配比浓度。

6. 灌溉与排水

幼苗对水分的需求很敏感，灌水要及时、适量。生长初期根系分布浅，应"小水勤灌"，始终保持土壤湿润。随着幼苗生长，逐渐延长 2 次灌水间隔时间，增加每次灌水量。灌水一般在早晨和傍晚进行。灌溉方法较多，高床主要采用侧方灌溉，平床进行漫灌。有条件的应积极提倡使用喷灌和滴灌。喷灌喷水均匀，效果好。滴灌比喷灌更省水，正在逐步推广。

容器育苗中浇水更为重要，因为幼苗生长发育所需水分完全依赖于灌溉，让根部基质完全干燥苗木可能死亡，基质太湿又容易产生猝倒苗及弱苗。当基质表面干燥时就要进行浇水。一般种子发芽和幼苗生长初期，主要采用浸盆、喷细雾或滴灌等方法进行浇水，以后也可采用喷灌、滴灌等方法浇水。排水是雨季田间育苗的重要管理措施。雨季或暴雨来临之前要保证排水沟渠畅通，雨后要及时清沟培土，平整苗床。

7. 施肥

苗期施肥是培养壮苗的一项重要措施。为发挥肥效，防止养分流失，施肥要遵循"薄肥勤施"的原则。施肥一般以氮肥为主，适当配以磷肥和钾肥。苗木在不同生长发育阶段对肥料的需求也不同，一般来说，播种苗生长初期需氮、磷较多，速生期需大量氮，生长后期应以钾为主，磷为辅，减少氮肥。第 1 次施肥宜在幼苗出土后 1 个月，当年最后 1 次追施氮肥应在苗木停止生长前 1 个月进行。

施肥方法分为土壤施肥和根外追肥。撒播育苗，可将肥料均匀撒在床面再覆土，或把肥料溶于水后浇于苗床。条播育苗，一般进行沟施，在苗行间开沟，深 5~10 cm，施入肥料，覆土浇水。根外追施是将速效肥料溶于水后，直接喷洒在叶面上。根外追肥用量少，肥效快，肥料不易被土壤吸附，常用于补充磷肥、钾肥和微量元素。根外追肥的浓度要严格控制在 2 % 以下，如尿素 0.1 %~0.2 %，过磷酸钙 1 %~2 %，硫酸铜 0.1 %~0.5 %，硼酸 0.1 %~0.15 %。根外追肥常用高压喷雾器，使叶片的两面都要喷上肥料（尤其是叶背），通常在晴天的傍晚或阴天进行。喷后如遇雨，则需补喷 1 次。

在容器播种育苗中，幼苗长出真叶后就要进行施肥。如果容器基质本身就已混合肥土（称为肥土混合基质），一般只需要补充氮、磷、钾为主的大量元素。目前国外普遍使用非肥土混合基质，其本身含营养元素很少甚至没有，所以更有利于施肥的控制。施肥的模式通常是先混入基肥（氮、磷、钾为主，钙和镁通过施石灰石粉提供），在以后的生长发育过程中间隔一定时间用一定比例的三要素及微量元素进行补充。通常在使用滴灌时供应施入。

8. 病虫害防治

幼苗病虫害防治应遵循"防重于治，治早治小"的原则。认真做好种子、土壤、肥料、工具和覆盖物的消毒，加强苗木田间养护管理，清除杂草、杂物，认真观察幼苗生长，一旦发现病虫害，应立即治疗，以防蔓延。

第四章 园林观赏特色苗木扦插苗的繁殖与栽培技术

第一节 扦插繁殖的生理基础

扦插繁殖是将植物的根、茎、叶等离体器官插入基质中，利用植物细胞的全能性，在适当条件下发育成完整新植株的繁殖方法。依据插穗不同扦插可分为茎插、根插和叶插。扦插繁殖可保持原品种的优良特性，产苗量大，成苗快，有效弥补部分植物种类播种繁殖困难的缺点，因此，在园林绿化树木的繁育中占有举足轻重的地位。

一、扦插生根机理

（一）园林绿化苗木扦插生根机理的形态学研究

千变万化的植物个体，都是由未分化的胚性细胞经过不断分裂，在形态和生理上进一步分化、发育而来的。遗传学研究表明，只要条件适宜，植物的组织器官甚至细胞都有可能发育成完整的植株。植物体在某一部分受伤或被切除，其整体的协调受到破坏时，能够表现出一种弥补损伤和恢复协调的机能，即植物的再生作用。这时，分生组织细胞的活动增强，甚至一些已经失去分生能力的成熟组织细胞也脱分化，恢复细胞的分裂活动，在伤口部位形成愈伤组织，从而起到保护作用，并可再分化形成新的不定根、不定芽，通过生理作用的调整，再次形成完整的植物个体。

插穗的不定根是由根原始体（根原基）发育而来的，但根原始体的发生部位和形状往往因植物的种类和插穗的条件而不同。依据扦插苗的不定根原始体来源，将其分为潜伏根原始体和诱生根原始体。潜伏根原始体在插穗发育早期产生，然后处于休眠状态，直到扦插后在适宜环境条件下才继续发育形成不定根；诱生根原始体在扦插后才形成。研究表明，冬青、桧柏、木槿、垂柳等植物属于潜伏不定根原始体型，这类插穗扦插前在髓射线与形成层交叉处已有不定根原基；而红叶李、紫叶小檗、小叶女贞、月季等植物为诱生根原始体型，由切口处的愈伤组织分化形成根原始体，进而分化产生不定根。研究表明，与花灌木相比，乔木多是插后形成根原始体，如白杨，多数针叶树种也都属于诱生根原基型，需要对插条进行生长激素处理，才能提高扦插成活率，甚至有的还需要改用其他繁殖方法。另外，许多树种如欧美杨、大观杨、群众杨、叶底珠等同时具有愈伤组织生根及皮部不定根生根 2 种生根型机理，即插条在激素诱导下首先产生皮部不定根，然后基部产生愈合组织并分化出根系，随着愈合组织根系的大量生长，皮部不定根逐渐退化。香椿枝条扦插属于愈伤组织生根类型，插穗下端剪口先形成愈伤组织，然后在愈伤组织处长出不定根。然而，香椿根条扦插属于以皮部生根型为主、兼有愈伤组织生根型的综合生根类型。

（二）园林绿化苗木扦插生根的生理生化机理研究

插穗生根的生理生化机理探讨始于 19 世纪末，尤其是生长素的发现和应用，为间接研究其机理提供了有利的手段，并取得了一定的成果。

1. 插条内营养水平（主要是 C/N）与生根的相关性

研究表明，插后可溶性糖类和总氮含量逐渐增加，尤其在插穗的芽大量展叶恢复光合能力时，插穗内的含糖量达到高峰，而在生根高峰期含糖量迅速下降。一般认为，插穗内营养水平越高，尤其是可溶性糖与淀粉含量越高，C/N 比值越大，越利于成活。

2. 内源激素和抑制剂含量水平及其在插条生根过程中的变化对生根力的影响

扦插后插穗内部进行着旺盛的代谢活动，表现在其内源激素与营养物质的剧烈变化上。研究表明，插穗刚脱离母体时，生长素（IAA）和脱落酸（ABA）含量大幅度下降；根原基孕育期，IAA 含量增加以诱导生根，生根后下降；而 ABA 在根原基孕育期最低，生根后增加。有学者认为，可用 IAA 与 ABA 的比值来衡量插穗生根的难易。IAA/ABA 的比值越大越易生根，叶和芽等具有分生能力的组织器官，可促进 IAA 的大量产生。同时，随着母树年龄的增加，抑制物 ABA 的含量也相应增加，这也是多数树种嫩质扦插比硬质扦插、一年生枝比多年生枝易生根的原因之一。

3. 外源生长调节剂对插条生根的影响

许多外源生长调节剂都能促进插穗的代谢、内源激素的合成及营养物质的转化和运输，使可溶性糖提早达到峰值。研究表明，黄腐酸能促进插条内蛋白质和淀粉的分解和转化，为根和芽的形成提供较丰富的能源和碳源，从而促进插条的萌芽；同时还发现黄腐酸有增强插条抗逆能力的作用，有利于插条生根。外源生长调节剂可调节插条内养分向切口附近积聚，促进切口周围的 RNA 和 DNA 合成，使生根基因信息得以表达；在根原基孕育时期，外源生长调节剂能显著增加 IAA 和玉米素核苷（ZR）的含量，减少 ABA 和 GA 的含量，使插穗的内源激素达到有利生根的水平，提高插穗生根率。

4. 光合速率、叶绿素荧光比率及气孔传导力与插穗生根的关系

带叶插穗不定根的产生受其生理过程与环境变化相互关系的影响。成功的生根需要供应适合在扦插期间插条进行光合作用的环境。但是，令人惊奇的是很少研究表明光合作用是否对插穗生根有影响或有积极的影响。事实上，许多种类在黑暗或无叶片的硬枝扦插都能顺利生根，说明并不是所有物种的插穗生根都绝对需要光合作用。这种结果并不否定当物种产生不定根后光合作用是至关重要的可能性。然而，证明这个假说也是困难的，主要是因为光合速率不是独立于其他影响生根的因素而变化的，例如，光合速率受环境中二氧化碳的浓度、水分关系和插穗中内源激素含量的影响（1984）。有研究表明，*Cordia alliodora* 插穗的生根与光合作用的活动有关，且生根率与前 21 d 的平均叶绿素荧光比率呈显著正相关，而与气孔传导力无显著相关。

（三）园林绿化苗木扦插生根的分子生物学研究

分子生物学技术日益更新、突破。目前对植物扦插生根的研究已深入到分子水平，已经有许多相关诱导基因和蛋白质被分离、鉴定出来，如生长素响应因子 ARF、植物生长素吲哚-3-乙酸、转运抑制应答因子 1/F-box、生长素结合蛋白 1ABP1、乙烯响应因子 ERF 等。欧洲山杨中发现在根中特异表达的基因涉及生长素调控、泛素降解、过氧化物酶、细胞周期等相关基因，具体与生根相关的基因如表 4.1 所示。

表 4.1　部分涉及植物生根的基因

基因全称	缩写	功能
ABBERRANTA LATERAL ROOT FOR MATION4	*A IF4*	促进侧根原基的发生
Ma. TRANSPORT INHIBITOR RESISTANT 1	*Ma TIR 1*	调控桑树不定根的形成
SOLITARY-ROOT/IAA 14	*SLR/IAA 14*	调控桑树不定根的形成
AUXIN RESISTANT 1	*AXR1*	调控侧根形成
AUXIN RESISTANT 4	*AXR4*	调控侧根形成

表4.1 （续）

基因全称	缩写	功能
TINY ROOT HIR 1	*TRH1*	介导 K^+ 运转，影响根毛形成
ROOT HAIRLSESS 1	*RHL1*	影响根毛发生
KOJAK/At CSLD 3	*KJK*	影响根毛生长
ORYZA SATIVA CELLULOSE SYNTHASE-LIKED 1	*OsCSLD*	根毛发育

　　植物激素在植物生根中发挥着重要作用，生长素、乙烯等植物激素相关基因在植物生根机理中起到关键作用。ARF 转录因子是调控植物生长素基因表达的关键转录因子，通过对植物生长素合成的调控影响着植物生长发育的各个阶段。TIR/AFB、AUX/IAA 等生长素受体蛋白也通过介导 IAA 实现与植物间信号的感知与转导。研究发现，AUX1 对促进侧根原基的发生有重要影响，过量表达 AUX1 等基因的对侧根发育有促进作用。在桑树中，还鉴定分析出通过影响植物体内 IAA 含量来调节不定根发生的基因 ILL5、GH3.1、80SAUR2，以及分别以影响细胞周期和为新陈代谢提供能量来调控扦插生根的基因 Cacybp 和 ANT1。乙烯响应因子 ERFs 是乙烯信号通路的下游转录因子，在介导乙烯反应和果实成熟中发挥作用。而植物的生长发育很大程度上取决于不同植物激素之间复杂的互作关系。研究发现，乙烯响应因子 SI-EREB3 通过调控生长素信号因子 AUX/IAA27，进而介导乙烯与生长素之间的交互作用，乙烯和生长素可以协同或拮抗地相互作用，以控制植物的各种发育过程，如根的形成、下胚轴伸长。NAC 转录因子基因家族是植物中最大的基因家族之一，也是植物所特有的。NAC1 在植物不同部位中均有表达，如根尖、子叶和叶片，但以根中表达最为活跃，可被生长素诱导并参与生长素转导来促进侧根发生。日本落叶松、茶树等树种中还发现除植物激素相关基因外的因伤诱导类基因、细胞壁组织合成等过程基因。由此可见，扦插生根是一个异常复杂的过程，其中植物激素相关基因起到关键作用，同时其他类别基因也发挥一定作用。

二、影响扦插成活的因素

　　扦插能否成功的关键在于插穗能否及时生根，以吸收水分和养分，进行光合作用。影响扦插生根的因素很多，从根本上讲是遗传特性的差异。不同种类的植物，因其遗传特性不同，其生根能力也不尽相同。插穗的生根能力同亲本的年龄及发育状况等都有极大的关系，即使是同一亲本，由于采条部位、采条时间、插穗年龄、插穗大小等情况不同，其生根能力也有很大差异。

（一）插穗类型对扦插生根的影响

插穗类型直接影响着插穗的生根能力。不同植物最适宜的插穗类型也各不相同，主要从母树年龄、穗条幼化、插条长短、直径及木质化程度等方面来考虑。穗条幼化对扦插生根率有显著的促进作用。独军等研究表明，在相同处理下，选择20龄以下的红豆杉母树修剪后的基部萌条进行扦插，生根率可达90％，比普通插穗提高10％。同一树种，一般嫩枝扦插较硬枝扦插容易生根，尤其对于难生根树种，嫩枝扦插比硬枝扦插成活率高得多，如毛白杨硬枝扦插，采用各种生根激素处理插条只能获得30％～40％的扦插成活率，而用嫩枝扦插，无须任何激素处理即可使成活率达80％以上。茶树栽培研究表明，扦插后发根能力随枝条从上到下成熟度的增加而减弱。枝条上端初木质化绿色硬枝生活力最强，中段半木质化红棕色插穗次之，下段扦插穗较差。但也有例外，八仙花半木质化的插穗无论是生根率，还是生根数量、生根长度都优于嫩枝和木质化插穗。对叶子花的研究表明，用叶子花的当年生嫩枝作插条，无论何种处理都难以生根，而硬枝扦插则较好。

（二）扦插基质对插穗生根的影响

扦插基质对插穗生根具有重要的影响。一般来说，在露地条件下进行硬枝扦插，可在含沙量较高的肥沃沙壤土中进行；嫩枝扦插可在水中、素沙、蛭石及珍珠岩、炉渣、泥炭中进行。蛭石具有良好的保温、隔热、通气、保水、保肥的作用，是公认最理想的优良扦插基质。河沙、珍珠岩和混合营养土（泥炭、珍珠岩、蛭石混合）等也都是较好的扦插基质。但基质若重复使用，要用福尔马林、高锰酸钾或硫酸亚铁进行消毒，否则会引起插条的腐烂。这可能与基质中病菌和毒素的积累有关。研究还发现珍珠岩与蛭石混合比1∶1比单用珍珠岩效果要好；砻糠灰疏松、灰粒大小均匀，既有排水保水功能，又有在长期连续喷雾条件下不致板结的特点，效果也较好。

（三）植物生长调节剂对插穗生根的影响

自1913年温特（Went）的《植物生长激素对于不定根形成有促进作用》的论文发表以来，大量试验研究表明，插穗生根都需要一定量的植物激素。目前在生产上使用的植物生长调节剂有ABT生根粉、吲哚乙酸（IAA）、吲哚丁酸（IBA）、萘乙酸（NAA）、萘乙酰胺以及其他苯氧乙酸化合物类。这些植物生长调节剂对不同植物、同一植物的不同插穗类型表现出不同的效果。吲哚丁酸（IBA）的生长刺激作用尽管不是很强，但它被过氧化物酶分解的速度较慢，而且传导扩散性能差，因此容易保留在被处理的部位，有效地促使形成层细胞分裂。一些愈伤组织生根型树种使用吲哚丁酸效果较好。而吲哚乙酸易分解，萘乙酸和 2，4-D 具有毒性，浓度过大或浸泡时间太长容易产生药害。ABT 在插穗不定根形成过程中，不仅能补充插穗生根需要的外源激素及其生根物质，还能促进插穗内源生长素的合成，加速插条下切口的愈合，促进生根。

（四）营养物质对插穗生根的影响

插穗生根除需要一定量的植物激素外，维生素、碳水化合物、氮素化合物及磷、钾、钙等元素也是非常必要的，硼对生根也有很强的促进作用。碳水化合物和氮素化合物不仅是生根和生长所不可缺少的营养物质，也是插穗生根前维持插穗生存的重要能源。许多研究表明，碳水化合物中的糖类是影响扦插生根的重要营养物质，穗条内可溶性糖含量越高越利于扦插生根。研究认为，作为营养物质的氮素能够促进插穗生根，但过高或过低的含氮水平都不利于生根。因此，在许多扦插试验中人们用 C/N 比值来解释扦插生根的难易程度，认为在含有一定氮素化合物的基础上，C/N 比值越大，生根越容易。对杜仲的扦插试验表明，在同一枝条内 C/N 比值或糖/氮比值能够很好地解释不同部位生根率的差异。在扦插过程中，营养物质的协调状况与生根的内在联系是多方面的，各营养物质的协调状况对生根的影响，与其所处的生长代谢水平有极为密切的关系。

（五）生根抑制物质对插穗生根的影响

许多树种扦插生根难的原因是插条内含有生根抑制物质，如单宁、树脂、有机酸等。这些物质可削弱或阻止植物生长激素的作用，同时这些物质滞留在切口表面，影响着插穗的生根能力。研究表明，用酒精或热水浸泡插穗基部，在一定程度上能促进插穗生根。王大来等认为用硝酸银浸泡杨梅插条基部可消除插条中的生根抑制物质单宁的有害作用。但目前对抑制物质在细胞内作用机理的研究还相当少，特别是抑制物质、生长促进剂、营养物质之间的相互作用对插穗生根的影响还不清楚。

（六）环境条件对插穗生根的影响

插穗生根不仅与插穗自身的遗传特性与生理条件、一定量的生根促进剂和营养物质有关，能否提供插条生根所需的适宜环境条件也是至关重要的。

1. 温度

不同种类的园林树木要求不同的扦插温度。一般插条生根的温度要比栽培时所需温度高，插条在 15~20 ℃较易生根，喜高温的温室花卉往往要在25~30 ℃时才生根良好。土壤温度如能比气温高 3~5 ℃，可促进插条根的迅速萌生。

2. 湿度

扦插后要使插床保持湿润状态，并且透气。软材扦插时，空气相对湿度以 80 %~90 %为好，插穗不至于因高温下的强烈蒸腾而失水萎蔫，也不至于因喷水量过大而引起穗条腐烂。研究表明，温室内空气湿度大小是影响紫叶马氏榛扦插成活的关键之一。

3. 光照

光照时间的长短与强弱对插条生根能力影响很大。插条以接受散射光为好，强烈的直射光对插穗生根不利；温度过高，蒸发量过大，可导致枝条凋萎。因此，扦插初期要适当遮阳，在根系大量生长后，逐渐加大光照量。

第二节　园林观赏特色苗木扦插繁殖技术

一、促进园林苗木扦插生根的技术方法

(一) 物理方法

1. 机械处理

许多机械方法可促进插穗生根。

(1) 剥皮。对于枝条木栓组织较发达的园林树木，插前先将表层木栓剥去，加强插穗吸水能力，可促进发根。

(2) 纵刻伤。用刀刻 2~3 cm 长的伤口至韧皮部，可在纵伤沟中形成排列整齐的不定根。

(3) 环状剥皮。在母枝上准备用作插穗的枝条基部，一般在剪穗前15~20 d，采取环状剥皮，割断韧皮部筛管通道，则有机养分不能向下输送而积聚在环状剥皮处的上端，由于养分充足，可使难以生根的插条易于生根成活。

(4) 黄化处理。人们发现用黄化的枝条作插条比普通枝条容易生根，原因是黄化枝条木质化发育迟缓，皮层及髓部增大，机械组织不发达，细胞壁薄，碳水化合物含量多，生根抑制物质少，生长素活性也有所加强。对难

以生根的树种进行黄化处理，可明显提高生根效果。

2. 增加插床底温

早春扦插因土温不足而造成生根困难，可以人为提高插条下端生根部位的温度，同时喷水通风以降低上端芽所处环境温度。例如，用电热丝预先埋在地下深约 15 cm 处，形成电温床后再扦插，可有效促进难生根树种的生根。另外，也可利用秸秆、厩肥堆沤生热来增加温度。

3. 全光雾插的应用

在嫩枝带叶扦插时，全光照有利于插穗进行光合作用，促进插穗生根，但为了防止叶子在光照下因蒸腾而萎蔫，除使用一定的抗蒸腾剂外，可向叶片上喷雾，使叶片保持湿润。为了避免插床下部湿度过大，不能进行连续喷雾，可采用间歇式喷雾。目前，间歇式全光雾插正在向自动化、规模化方向发展，可大大提高生产力。

（二）生根剂及植物激素处理

对不易发根的树种，采用生根素、植物激素处理能促进发根。生根素、植物激素的主要作用是加强插穗的呼吸作用，提高酶的活性，促进分生细胞分裂。

1. ABT 生根粉

ABT 生根粉是中国林业科学研究院王涛研究员于 20 世纪 80 年代初研制成功的。ABT 生根粉是一种广谱高效生根促进剂，用其处理插穗，能参与插穗不定根形成的整个生理过程，具有补充外源激素与促进植物体内源激素合成的功效，因而能促进不定根的形成，缩短生根时间，并能促进不定根原基暴发性生根，效果优于吲哚丁酸等生长激素。ABT 生根粉有 5 个型号，其中 1 号用于处理珍稀树种和难生根树种，2 号用于处理较容易生根树种。

2. 萘乙酸（NAA）、吲哚乙酸（IAA）、吲哚丁酸（IBA）、2, 4-D

这些植物激素都有促进生根的效果，其中吲哚丁酸效果最好，但萘乙酸成本低。市场上出售的生根剂、植物激素绝大多数是粉剂，一般都不溶于水，使用前先用少量的酒精溶解，用水稀释，配成原液，然后根据需要配成不同的浓度。溶液浸泡是将先配好的药液装在干净的容器内，然后把成捆的插穗的下切口浸泡在溶液中至规定的时间，浸泡深度为 3 cm 左右。粉剂处理是将生根剂用酒精溶解后，用滑石粉与之混合配成 500 ~ 2 000 倍的糊状物，然后烘干或晾干后再研成粉末供使用。使用时先将插穗基部用水浸湿 2~3 cm，然后蘸粉进行扦插。不同的树种，使用生长激素最适宜的浓度和处理的时间不同，一般生根较易的树种比生根较难的树种的浓度要低；同一树种硬枝扦插比嫩枝扦插浓度要高；一般快蘸浓度高，长时间浸渍浓度低。

（三）化学药剂处理

用化学药剂处理插穗，能增强新陈代谢作用，从而促进插穗生根。常用的化学药剂有酒精、蔗糖、高锰酸钾、二氧化锰、醋酸、硫酸镁、磷酸等。如用 1 %~3 %酒精或 1 %酒精+1 %乙醚混合液浸泡 6 h，能有效地除去杜鹃类插穗中的抑制物质，显著提高生根率；用 0.05 %~0.10 %高锰酸钾溶液浸泡硬枝 12 h，不但能促进插穗生根，还能抑制细菌的发育，起到消毒的作用；水杉、龙柏、雪松等插穗用 5 %~10 %蔗糖溶液浸泡 12~24 h，可直接补充插穗的营养，有效促进生根。

二、扦插种类及方法

扦插繁殖的种类有：叶插、茎插、芽插、根插等。

（一）叶插

1. 全叶插

以完整叶片为插条。一是平置法，即将去叶柄的叶片平铺沙面上，加针或竹针固定，使叶片下面与沙面密接。落地生根的离体叶，叶缘周围的凹处均可发生幼小植株（起源于所谓的叶缘胚）。海棠类则自叶柄基部、叶脉或粗壮叶脉切断处发生幼小植株。二是直插法，将叶柄插入基质中，叶片直立于沙面上，从叶柄基部发生不定芽及不定根。如大岩桐从叶柄基部发生小球茎之后再发生根及芽。豆瓣绿、球兰、海角樱草等均可用此法繁殖。

2. 半叶插

将叶片分切为数块，分别进行扦插，每块叶片上形成不定芽，如大岩桐、豆瓣绿、千岁兰等。

（二）茎插

1. 硬枝扦插

（1）扦插时间。春秋两季均可进行，春季扦插易早，秋季扦插在落叶后，土壤封冻前进行。

（2）插穗的采集与储藏。一般应选优良的幼龄母树上发育充实、已充分木质化的 1~2 年生枝条作插穗。

（3）储藏的方法。室内堆藏和室外沟藏。

（4）插穗的剪制。一般长穗插条 15~20 cm 长，保证插穗上有 2~3 个发育充实的芽。单芽插穗长 3~5 cm。剪切时上切口距顶芽 1 cm 左右，下切口在节下 1 cm 左右。

（5）扦插。按一定的株行距，将插穗插于基质中，一般株距为 10～20 cm，行距为 20～40 cm。

（6）扦插后管理。扦插后一次性浇足水，以后经常保持土壤和空气的湿度，做好松土、除草工作。

2. 嫩枝扦插

（1）采条。在早晚或阴天采条，主要保鲜，最好随采、随截、随插。

（2）制穗。插穗一般长 10～15 cm，带 2～3 个芽，保留叶片的数量可根据植物种类与扦插方法而定。

（3）扦插。用生根粉和植物激素处理后扦插，扦插时间最好在早晨和傍晚。扦插深度为插穗长度的 1/2。

（4）扦插后管理。扦插后保持空气湿度在 95 %左右，温度最好控制在 18～28 ℃，最好采用全光照自动间歇喷雾系统。

（三）芽插

插条仅有 1 芽附 1 片叶，芽下部带有盾形茎部 1 片，或 1 小段茎，插入沙床中，仅露芽尖即可，插后盖上薄膜，防止水分过量蒸发。叶插不易产生不定芽的种类，宜采用此法，如山茶花、橡皮树、桂花等。

（四）根插

利用根上能形成不定芽的能力扦插繁殖苗木的方法。用于那些枝插不易生根的种类。果树和宿根花卉可采用此法，如牛舌草、秋牡丹、肥皂草、毛恋花、剪秋罗、芍药、补血草、牡丹、博落回等花卉。一般选取粗 2 mm 以上，长 5～15 cm 的根段进行沙藏，也可在秋季掘起母株，储藏根系过冬，翌年春季扦插。冬季也可在温床或温室内进行扦插。根抗逆性弱，要特别注意防旱。

三、扦插苗的管理

（一）水分管理

水分是插穗生根的重要条件之一。自扦插起：到接穗上部发芽、展叶、抽条，下部生根，在此时期，其所需水分除了插穗本身原有的水分外，就是依靠插穗下切口和插穗的皮层从基质中吸收的水分。嫩枝扦插和针叶树扦插虽然叶片能制造养分，但也在蒸腾水分，因而水分的供需矛盾也很严重。这个时期生根的关键就是水分，所以要求扦插土壤内必须有一定的水分，发现水分不足要及时灌溉。还可以扦插后再用地膜覆盖，或搭荫棚，能提高地温，降低水分蒸发，是保证扦插成活的有效措施。

（二）温度

园林观赏特色苗木生根的最适温度是 15～25 ℃，早春扦插地温低，达不到温度要求，可以用地热线加温苗床补温；夏季和秋季扦插，地温、气温都较高，可以遮阳或喷雾降低温度；冬季扦插必须在温室内进行。

（三）施肥管理

扦插生根阶段通常不需要施肥，扦插生根展叶后，必须依靠新根从土壤中吸收水和无机盐来供应根系和地上部分的生长，必须对扦插苗追肥。扦插后每隔 5～7 d 可用 0.1 %～0.3 %的氮、磷、钾复合肥喷洒叶面，或将稀释后的液肥随灌水追肥。但进入休眠期前要及时控肥，防止幼苗贪青徒长，影响越冬。

第五章　园林观赏特色苗木嫁接苗的繁殖与栽培技术

第一节　园林观赏特色苗木嫁接繁殖的理论基础

一、嫁接繁殖的概念和特性

1. 嫁接繁殖的概念

嫁接是用植物营养器官的一部分，移接于其他植物体上，使接穗吸收砧木供给的水分、营养物质，并愈合成活形成一株新植株的繁殖方法。嫁接的枝或芽等称为接穗，而承受接穗且带有根系的部分称为砧木，有时在砧穗间还存在一个连接部分称为中间砧。自体嫁接指嫁接砧穗均来自同一植株；同种嫁接指嫁接双方来自同种植物的不同植株；异种嫁接是不同种植株间的嫁接；接活后的苗称为嫁接苗。嫁接繁殖是繁殖无性系优良品种的方法，常用于梅花、月季等。嫁接成活的原理，是具有亲和力的两株植物间在结合处的形成层，产生愈合现象，使导管、筛管互通，以形成一个新个体。

2. 嫁接繁殖的特性

（1）嫁接苗能保持优良品种接穗的性状，且生长快，树势强，结果早，因此，利于加速新品种的推广应用。

（2）嫁接繁殖可以利用砧木的某些性状如抗旱、抗寒、耐涝、耐盐碱、抗病虫等增强栽培品种的适应性和抗逆性，以扩大栽培范围或降低生产成本。

（3）嫁接繁殖在果树和花木生产中，可利用砧木调节树势，使树体矮化或乔化，以满足栽培上或消费上的不同需求。

（4）嫁接繁殖多数砧木可用种子繁殖，繁殖系数大，便于在生产上大面积推广。

（5）嫁接繁殖适用于有性繁殖败育且扦插压条不易生根、采用种子繁殖不能维持品种特性、树体衰弱需恢复、缺乏枝以及利用砧木优良特性的树种。

（6）嫁接接穗一般取自遗传性稳定的成龄植株，因此可保持品种的优良性状，并能固定植物的杂种优势。利用林木的成熟效应，促使嫁接植株只有营养期而无幼年期，从而提早开花结实，并改良果实品质，实现早期丰产。

二、嫁接繁殖的作用

嫁接繁殖时，由于一个枝段或一个芽，甚至一个茎尖均能嫁接成为一个完整的嫁接苗，繁殖系数高，所以有些虽可采用压条、扦插等方法繁殖的植物，在大量繁殖时也常采用嫁接方法。其作用如下。

1. 保持品种特性

不少果树和其他一些植物主要靠异花授粉，若用种子繁殖其后代会出现大量变异，这些变异多数是有害的，因而失去了亲本的一些优良性状。嫁接繁殖时，由于接穗一般取自遗传性很稳定的栽培品种的成龄植株，而砧木一般是一、二年生的幼龄实生苗，尽管接穗也受到砧木的影响，但其遗传性基本上保持不变。因此，采用嫁接繁殖能够保持品种特性。

2. 控制树体大小

利用砧木对接穗的影响，对树体的高矮可进行控制。矮化密植栽培已成为当前国内外果树发展的趋势，利用矮化砧、矮化中间砧可使树体变矮。这不仅便于果园管理，还能使果树提早结果，增进果实品质，经济利用土地，已经取得了明显的经济效益。用材树要求树木有高大通直的树干，就采用乔化砧嫁接，如用加拿大杨作砧木嫁接毛白杨，当年就能长到 3~4 m 高。

3. 增强抗逆性和适应性

利用嫁接技术可借助砧木的特性，提高植物抗病虫、抗寒、抗旱、耐涝和耐盐碱等能力。

（1）抗病。目前，利用抗性砧木进行嫁接栽培是预防土壤病害的最有效的途径。如将西瓜嫁接在葫芦、南瓜和冬瓜上，将黄瓜嫁接在黑籽南瓜上均可有效地防止枯萎病。

（2）抗虫。土壤中各种虫害严重为害根部，可以选用适当的砧木来提高抗性。在欧洲，葡萄以前是靠扦插繁殖，但一度被葡萄根瘤蚜为害，使葡萄根部产生根瘤，严重地影响了根系对水分的吸收而减产，甚至死亡。后来利用了美洲几种抗根瘤蚜的砧木，如沙地葡萄，才解决了这一问题。

（3）抗寒。利用抗寒性强的砧木进行嫁接，尤其是高接，可以提高树体的抗寒能力。例如，利用抗寒性强的山葡萄嫁接葡萄，使我国北方地区减少了埋土厚度，这种方法已普遍地被东北地区采用。

（4）抗旱。为了提高抗旱性，可以选用抗旱性强的砧木进行嫁接。如可将苹果、梨、桃、杏、山楂和枣分别嫁接在山荆子、杜梨、山桃、山杏、野生山楂和酸枣上。

（5）耐涝。在一些易涝地区栽植果树，可以用海棠、毛桃、欧洲酸樱桃和枫杨分别作为苹果、梨、桃、樱桃和核桃的砧木。用丝瓜砧木嫁接西瓜也可明显提高耐涝性，而不影响口感品质。

（6）耐盐碱。在林木栽培中，胡杨能生长在土壤总盐量 3 %～5 % 的土壤上，但干形不好。新疆杨干形虽好，但耐盐性差。利用胡杨作砧木嫁接新疆杨，既能发挥胡杨的耐盐性，又表现了新疆杨干形的通直高大。我国近年来从国外引进耐盐碱的苹果砧木珠美海棠，为北方盐碱地区发展苹果开辟了新途径。

4. 改换性别

有很多植物是雌雄异株，雌雄株各有其特点，如银杏雄株不结果，可用雌性接穗改接成雌株，或将雄株枝条嫁接到雌株上，使银杏变为雌雄同株而获得高产。用毛白杨作街道行道树，常因雌株种子成熟飞絮影响清洁，可全部嫁接成雄株。

5. 提高观赏价值，美化环境

（1）人造连理树。利用靠接法，就能造成人工连理树，供人观赏。如北京故宫御花园和中南海里的连理柏，就是人工造成的，已成为著名的一景。浙江新昌县大佛寺内的千年古银杏，在离地面 3 m 高处长出两树，一为女贞，一为榆树，三树同根，连理连枝，吸引了众多的游客。美国加利福尼亚州有个"树木竞技场"，它由 67 种造型别致，千姿百态的嫁接树组成，生趣盎然，令人眼花缭乱，仿佛是一个树木博物馆。

（2）一木多花。利用嫁接法能在一株砧木上嫁接多个品种。如山东菏泽赵楼村有一株嫁接了 10 个不同花色品种的"十样锦"牡丹。沈阳北陵公园刘玉增用毛鹃作砧木高接了几十个杜鹃花品种，十分绚丽多彩。

（3）嫁接造型和组装植物。将幼菊嫁接到青蒿的枝上，株高 2.5 m，称作"塔菊"。用向日葵作砧木嫁接菊花，制作桩头菊，取得了良好效果。《群芳谱》中记载的将牡丹嫁接在椿树上形成的"楼子牡丹"，也是这种类型。

6. 挽救垂危植物

树木受了机械损伤，或被牲畜啃了皮，或有了烂皮病，如果树皮损伤深达木质部并绕树干一周，养分不能正常运输，将导致树体死亡。采用桥接法来修补伤口，沟通养分的运输，可使树木转危为安。

三、嫁接繁殖的原理

园林树木嫁接成活主要决定于砧木和接穗能否相互密接产生愈伤组织，并进一步分化产生新的输导组织而相互连接。绿接时接穗和砧木结合后，两者形成层的薄壁细胞加速分裂，形成愈合组织，愈合组织细胞进一步分化，将砧木与接的形成层连接起来，向内形成新的木质部，向外形成新的皮部，将两者木质部的导管与皮部的筛管通起来，输导组织的联通，使水分和养分输送成为可能，使暂时破坏的平衡得以恢复，从而形成一个新的整体。

四、影响嫁接成活的因素

1. 内因

（1）砧木和接穗的亲和力。嫁接亲和力是决定嫁接成活的主要因素。亲和力是指砧木和接穗经过嫁接能否愈合成活和正常生长结果的能力；或砧木和接穗嫁接后在内部组织结构、生理和遗传特性方面差异程度的大小。差异越大，亲和力越弱，嫁接成活的可能性越小。亲和力的强弱与植物亲缘关系的远近有关。一般规律是亲缘越近，亲和力越强。同品种或同种间的亲和力最强，嫁接最容易成活。如板栗嫁接板栗、毛桃嫁接桃、秋子梨嫁接南果梨。相同属内不同种间的嫁接亲和力大部分都比较强，能够嫁接成活，但因树木种类、大小不同而也有差异；相同科不同属间的树木嫁接，亲和力通常比较小，虽然也有部分树木也能嫁接成活，但有的树木在中后期仍然会表现出不亲和的现象；不同科间的园林树木嫁接，亲和力则更弱，成活非常难，生产实践上很少应用。

砧木和接穗不亲和或者亲和力非常低下，主要有以下表现。

①伤口愈合不良：嫁接后接口不能有效愈合，成活率比较低；有的树木嫁接后虽能愈合，但接芽很难萌发。

②生长不正常：嫁接后叶片发育不良，生长势差，甚至死亡。

③后期不亲和：前期虽然生长良好，但后期出现严重不亲和现象，容易折断。

（2）砧木与接穗的质量。由于形成愈伤组织需要一定的养分，所以，凡是接穗与砧木储藏有较多养分的，一般容易成活。在生长期间，砧木与接穗两者木质化程度愈高，在同一温度和湿度条件下嫁接越容易成活。因此，嫁接时宜选用组织充实、储存营养丰富的枝条作接穗，在一个接穗上也宜选用充实部位的饱满芽或枝段进行嫁接。

（3）砧木、接穗的形成层。形成层的产生和生命活动与砧木和接穗的生活力密切相关。在嫁接中，砧穗形成层对准是园林树木嫁接技术的关键，即接穗与砧木的切口要光滑平整，嫁接的时候两者的形成层要紧密对准，这样形成层接触面就大，才能使两者形成层愈合组织进一步分化。如接触不紧密会容易使砧木与接穗两者生长不协调，严重时接穗不能成活。

2. 外因

（1）温度。温度对愈伤组织形成的快慢和嫁接成活有很大的关系。不同树种愈伤组织生长的最适温度不同。大部分树木当温度<10 ℃或>35 ℃时愈合组织难以生长。通常在25 ℃左右比较适合接口处愈伤组织的生长。

（2）湿度。湿度对嫁接成活率具有较大的影响。土壤湿度过低，砧木生命力低下，嫁接难以成活。空气湿度过低，会造成接穗坏死，还会影响接口处愈合组织的发育。因此，保持较高土壤和空气的湿度，是嫁接成活的重要条件。

（3）光照。光照强度过强，会造成接穗水分过度蒸腾而死亡，光照强度过低，又会影响愈伤组织的生长发育，因此，嫁接时要控制好光照强度，可以适当进行遮阳。

（4）氧气。氧气是植物生长的必要条件。除了正常的生长代谢需要氧气外，砧木和接穗接口处由于愈伤组织的生长需要大量能量，因此该处的呼吸作用会明显增大，若氧气供应不足，呼吸作用受到抑制，就会影响愈伤组织的分化。

（5）嫁接技术。嫁接技术的优劣直接影响接口切削的平滑程度和嫁接速度，从而影响嫁接成活率。为提高嫁接成活率，要掌握好快、平、齐、紧。所谓快，即操作要快；平，即接穗、砧木削面要平滑；齐，即砧木和接穗的形成层要对齐；紧，接口绑扎要紧。

五、嫁接成活的机理研究

1. 解剖学机理

嫁接愈合是植物嫁接成活的首要条件，通常指同种或异种植物的细胞、组织或器官相互作用并结合成一个有机整体的过程。该过程通常包括隔离层产生、砧穗愈伤组织形成和连接、维管束桥形成与维管束分化、砧穗结合成一体等不同阶段。嫁接口隔离层的减薄和消失以及砧穗间愈伤组织的连接是嫁接愈合初期的关键步骤，愈伤组织能使隔离层出现缺口，吸收代谢隔离层物质，使砧穗间形成愈伤组织桥，并向细胞壁分泌多糖类物质，将砧穗黏合在一起，重新建立物质联系。在番茄自体亲和性嫁接及西瓜嫁接体（葫芦砧木）发育过程中，愈合初期隔离层附近细胞的细胞质浓厚，线粒体体积和数量大为增加，这与细胞受伤后呼吸强度的提高呈正相关，可提供能量，并促进薄壁细胞迅速分裂形成愈伤组织。此时细胞内物质合成及转移也异常活跃，细胞内靠近细胞壁处存在丰富的内质网，主要与蛋白质的合成运输有关；并产生大量高尔基体和小泡，参与合成多糖类物质及其在细胞壁上的沉积，使细胞壁加厚，促进砧穗愈合。砧穗间维管组织的连通是亲和性嫁接体发育活的重要标志。在植物嫁接愈合过程中，砧穗维管束鞘细胞和靠近维管束周围的薄壁细胞开始分化形成管状分子，随着嫁接口的发育，愈合面开始分化出形成层，新分化的形成层随后分化出更多的管状分子，连接砧穗，维管束的重新修复确保了砧穗间物质的流通。

2. 生理生化机理

（1）水分和养分。在植物嫁接口隔离层消失之前，接穗所需水分完全靠自身供应，当砧穗细胞开始接触，形成愈伤组织桥时，砧木可自行吸水并可能通过水分自由扩散或渗透等方式向接穗提供水分。维管束桥形成之前接穗完全靠自身供给营养，当养分耗尽时还未形成维管束桥，则嫁接无法成活。在维管束分化形成后，砧穗可通过维管组织进行源源不断的水分和营养交换。

（2）可溶性糖。可溶性糖是碳水化合物暂时储藏和代谢的主要形式，在植物碳代谢及能量释放与储存中占有重要地位。嫁接体的愈合需要消耗营养和能量，在核桃子苗砧嫁接的砧木愈伤组织尚未形成时，砧木体内可溶性糖含量开始下降，随着砧穗愈伤组织的大量形成，砧穗黏合，砧木中可溶性糖含量逐渐升至最高，在砧穗基本愈合时其含量稍微降低并最终稳定。可溶性糖作为重要的渗透调节物质，在植物逆境胁迫中能够保持原生质体与环境的渗透平衡。研究油茶芽苗砧嫁接体亲和性生理时认为，随着接穗水分胁迫的加剧，嫁接体的可溶性糖含量升高，在愈伤组织分化期及输导组织分化形成后达到高峰，之后趋于相对稳定。

（3）酶活性。过氧化物酶具有对感病和机械损伤等伤害进行保护、促进木质化及氧化吲哚乙酸等多种功能。植物体内活性氧的动态平衡主要是通过超氧化物歧化酶（SOD）、过氧化物酶（POD）和过氧化氢酶（CAT）等酶系统进行调节的。嫁接初期，切割损伤导致植物细胞内 H_2O_2 产生，活性氧大量累积，会破坏植物膜系统。在油茶芽苗砧嫁接整个伤口愈合期，嫁接体的 SOD、POD、CAT 活性均同步升高，通过酶促系统可有效清除活性氧，保护嫁接体发育。同时，3 种酶均在愈伤组织形成与接触、维管束分化等关键期出现不同的跳跃性高峰，有效促进嫁接体愈合。木质素在植物嫁接成活中起关键性作用，其在导管细胞壁上的沉积是维管束贯通的前提。

（4）植物激素。激素是植物细胞间通信系统的主要信号分子，在嫁接愈合过程中起调控作用。黄瓜试管苗离体茎段嫁接体的发育受外源激素的调节。卢善发等通过改变外源激素种类和浓度，并结合解剖学观察，发现在砧木培养基中添加玉米素核苷（ZT）（0.25 mg/L），在接穗培养基中添加 ZT（0.25 mg/L）和生长素（IAA）（1.0 mg/L）是黄瓜试管苗离体茎段嫁接愈合的最佳激素条件之一，在此激素组合下嫁接后第 6 d 所有嫁接茎段均产生维管束桥，桥和管状分子数目显著增加。砧穗愈合过程维管组织的分化受内源激素调节。生长素促进管胞分化和形成层生长，对木质部和韧皮部的分化也有影响，细胞分裂素可增强组织对生长素的敏感性，主要是在愈合初期与生长素共同调节维管组织的分化。

3. 分子机理

（1）蛋白质。植物嫁接愈合的分子机理研究经历了从假设到验证的过程，但仍处于探索阶段。英国 Yeoman 等率先从蛋白质角度对植物嫁接进行了探索研究，发现在砧穗愈合过程中有新蛋白质产生，从而提出"嫁接蛋白"概念，并进一步假设在亲和性嫁接愈合中，质膜能够释放出蛋白质分子，形成有催化活力的复合体，促进嫁接成活。研究发现，瓜类韧皮部蛋白具有种属特异性，嫁接愈合过程伴随着特异蛋白的产生。宋慧等研究发现，在瓜类异属间不亲和组合中，砧木中愈伤特异蛋白 38 kDa 消失，而接穗中出现 28 kDa 和 36 kDa 特异蛋白；在亲和性组合中，砧木中愈伤特异蛋白 39 kDa 消失，这首次揭示了嫁接亲和特性在蛋白质水平上的作用机理。研究油茶芽苗砧嫁接口不同发育时期蛋白质组的变化后成功鉴定了 34 个差异蛋白，并确定 9 个与嫁接口愈合相关的蛋白质，这些差异蛋白分别参与能量代谢、次生代谢、蛋白质转录和翻译、细胞生长和分化、调控和抗性等生理生化过程。

（2）基因。在嫁接愈合过程中，通过细胞间表面分子的信号交流、起始细胞内的信号级联反应等调控细胞核内基因的表达,从而调控植物嫁接成活。研究发现,在不亲和嫁接发育过程中,参与酚类化合物合成的关键酶L-苯丙氨酸解氨酶基因 PAL 高效转录,且嫁接的亲和性与此酶的表达类型相关,因此在早期可通过检测酚类物质的含量或 PAL 基因表达水平的高低来判断嫁接是否亲和。有研究成功克隆了 49 个与山核桃嫁接成活相关的 TDFs,其中有 20 个编码已知功能蛋白,它们分别在砧穗愈合不同时期被诱导或抑制,水孔蛋白、细胞周期蛋白、IAA 响应因子和 ABC 转运体基因在嫁接后 3 d 或 7 d 表达最强,促进 IAA 运输与释放,从而促进细胞分裂、伸长生长及水分吸收运输;在编码磷酸戊糖途径作用中甘氨酸代谢的甘氨酸催化酶和 UDPG 转移酶 2 个基因在嫁接早中期上调表达,可能为细胞生长提供能量和物质基础;5 个与核酸代谢相关的基因 DNA 结合蛋白、翻译起始因子、60S 核糖体蛋白、核酸外切酶基因在嫁接后不同时期增强表达,对下游嫁接成活相关基因的表达具有促进作用;蛋氨酸合酶、GTP 结合蛋白、K1 糖蛋白基因在嫁接后 14 d 上调表达,表明在嫁接成活过程中,原有蛋白质发生了降解,然后通过囊泡焦磷酸化酶的分泌修饰作用,在氨基酸合成酶的催化下合成相关氨基酸,在后期被利用合成新蛋白;对 20 个已知功能的基因进行功能分析,它们分别属于物质运输、能量代谢、信号转导、细胞周期等 9 类,并根据获得的差异表达基因,初步绘制了山核桃嫁接基因调控关系图。

第二节　园林观赏特色苗木嫁接繁殖技术

一、接穗和砧木的选择与储运

1. 接穗的选择

选择发育健壮,无检疫对象,性状已趋于稳定的成年植株作采穗母树。剪取树冠外围生长充实、枝条光洁、芽体饱满的发育枝。春季嫁接多采用上一年生长的枝条。夏季嫁接选用当年成熟的新梢,或经过储藏的上一年生长的枝条。秋季嫁接多选用当年生春梢。剪截接穗时应以枝条中段为宜。梢部幼嫩,髓部太多,储藏养分少。基部芽体多不饱满,或多是盲芽。阔叶树采接穗后,叶片要立即全部剪除,只保留叶柄,避免大量蒸腾失水。

2. 接穗采集时期和储运

(1)采集时间。春季嫁接用的一年生枝宜在休眠期剪取,夏秋季嫁接用接穗可随采随接。最好是在早、晚采集，此时枝条含水量最高。

（2）采后处理。采后先剪去上下两端不充实、芽不饱满的枝段，生长期的枝条要立即剪去叶片，留下与芽相连的小段叶柄。每 50~100 根捆成 1 捆，挂上 2 个标签，标明品种、采集地点、时间。生长期采集的枝条要用湿布包好备用。休眠期采集的枝条可暂时放在阴凉处，下端用湿沙培埋并喷水保湿。

（3）储藏和运输。枝条最适宜的储藏条件是空气相对湿度 80％~90％，4~13 ℃。储藏方法与种子、插条湿藏基本相同。有些严格要求保湿的树种枝条，可采用蜡封保湿方法，即将枝条两端或整个枝条速蘸石蜡（80~100 ℃），然后再储藏。在调运接穗时，主要是确保运输期间接穗不失水，夏秋季注意不受高温袭击。聚乙烯薄膜是包裹接穗的好材料，用它将接穗密封就可有效地保持湿度。

3. 砧木的选择

（1）共砧（本砧）。砧木与接穗品种属于同一个种。可以是实生苗，也可以是无性繁殖苗。实生苗是有性繁殖，砧木的变异性较大；无性苗（扦插苗）根系分布较浅，且易感染与接穗相同的病虫害。但共砧种源丰富，利用方便。在具体应用中，可以利用已经筛选出的一些较好的共砧，也可以自行筛选适宜的共砧。

（2）矮化砧和乔化砧。根据嫁接后砧木对植株高度的影响，分为矮化砧和乔化砧 2 种。一般砧木多为乔化砧，形成的植株树冠称为标准树。矮化砧是能控制接穗生长，使嫁接树体小于标准树的一类砧木。如用于观赏的矮化桃，是用郁李、毛樱桃、西洋樱桃等砧木嫁接的。

（3）基砧和中间砧。在二重嫁接或多重嫁接中，位于苗木基部带根的砧木称为基砧（根砧）。基砧是二重嫁接或多重嫁接出现后，为了区别中间砧，而专指带根的砧木。一次嫁接时，带根的部分就叫砧木；如果在二重嫁接时，要在砧木和接穗之间再加一段砧木，这段砧木就叫中间砧。砧木对接穗的生长性状有一定的影响，二重及多重嫁接就是为了多利用几种砧木来影响接穗。

二、接穗和砧木的相互影响和作用

砧木对接穗有广泛的影响，如树体生长与结实性、根系生理生化特性及其对环境的适应能力等；接穗对砧木也有明显影响，如根系生长能力、根系再生能力、根系密度以及根系的抗逆性等。这是因为砧木和接穗本身的遗传性相互影响着对方，但只在砧穗的情况下才能发生。

1. 砧木对接穗的影响

砧木对接穗的影响是多方面的，最明显的是对树体大小高矮的影响。如英国东茂林实验站培育的苹果营养系砧木，接它们传递给接穗生长势的不同，使树体大小能分成矮化、半矮化、乔化、极乔化。杜梨嫁接西洋梨能结出"铁头梨"。山楂接苹果，能使嫁接植株变得矮小，有些砧木对嫁接树果实大小、品质和结果早晚都有影响。高接能增强果树的抗寒性。我国东北地区采用高砧嫁接，把苹果的栽培北限向北推进了近千里。

2. 接穗对砧木的影响

接穗对砧木的影响很容易被人忽略，其实砧木也受接穗很大影响。杜梨嫁接品种梨后，根系变浅而多且多萌蘖，枫扬嫁接核桃也有根蘖变多的情况。苹果实生苗如嫁接"红魁"品种，根系多须根而很少直根；如嫁接"红绞"品种，根系有 2~3 条直根。

接穗的抗寒性也能传递给砧木，这可能是由于接穗提前休眠做好越冬准备，同时也促进砧木提前休眠而增强抗寒性。

3. 接穗和砧木的互作

砧木和接穗的相互关系是复杂的。一般讲，砧木和接穗的生物学特性，生长势强弱能显著影响对方，诸如根系吸收力的强弱，树冠光合作用能力的大小，生长素、抑制素含量的多少，根系对土壤中元素选择吸收和忍耐能力，结合部物质交流畅通和阻滞情况，都在发挥作用。

当前，对砧木、接穗间相互影响的机制，存在着几种说法，有些是相矛盾的。如有人认为砧木的影响是由于养分运输作用而不是根系的吸收能力，理由是中间砧对接穗植株的矮化作用，不是底砧（乔砧）根的吸收造成的。也有相反的意见，起作用的是根系本身，而不是砧木的茎段，也有持中间的观点，认为是接穗或中间砧对根系的形态发生了影响，根系又反过来影响中间砧和接穗。

对砧木、接穗影响最引人注意的是长势的影响，即砧木和接穗生长势强从而相互影响，有人用枝/根比例来解释，即一定土壤上某嫁接植株，不管树体大小，年龄老幼，枝/根比都是常数，这就要求枝根生长速度是一样的。如底砧根系生长强，也要促进接穗枝条生长强以维护这个常数，这就是砧木生长势强弱也能传递给接穗的原因。

三、嫁接时期

1. 休眠期嫁接

一般在春季萌动前 2~3 周，3 月上中旬，而有些萌动较早的种类在 2 月中下旬。此时砧木的根部及形成层已开始活动，而接穗的芽即将开始活动，嫁接成活率最高。秋季嫁接约在 10 月上旬至 12 月初，嫁接后使其先愈合，明春接穗再抽枝，休眠期嫁接也可分为春接和秋接。

2. 生长期嫁接

在生长期进行的主要为芽接。多在树液流动旺盛的夏季进行，此时枝条腋芽发育充实而饱满，而砧木树皮容易剥离。7—8 月是芽接最适期。夏秋之际均可进行，也称夏接。桃花、月季等多用芽接法。另外，靠接不切离母体，也在生长期进行。

四、嫁接前的准备工作

1. 嫁接场所

嫁接最好在温室内进行，高温季节要用遮阳网或草帘遮阳、避免强光直射使幼苗过度萎蔫影响成活。如深冬茬茄子 7 月嫁接正值高温期，防暑降温是关键。低温季节（如黄瓜、番瓜越冬茬的嫁接在 9 月底至 10 月初）要以保温为主，温度低不利于伤口愈合，嫁接时适宜的温度为 24~28 ℃，空气相对湿度 75 %以上，湿度不够时要用喷雾器向空中或墙壁喷水增加湿度。

2. 嫁接用具

嫁接前除备好接穗和准备好砧木以外，主要是做好嫁接工具和绑缚材料的准备。

（1）嫁接工具。嫁接刀（包括芽接刀、切接刀、劈接刀、根接刀、单面刀片、自制刀具等）、剪枝剪、木锯、凿子、撬子、手锤等。嫁接时将其一掰两半，既节省刀片，又便于操作。

（2）绑缚材料和涂抹材料。绑缚材料：目前在嫁接中已普遍应用塑料薄膜条带包扎方法。涂抹材料：为减少砧穗切口失水，防止雨水和病菌侵入导致切口腐烂，常用接蜡涂抹接合部位。

五、嫁接方法

1. 枝接—劈接

枝接是以枝条为接穗的嫁接方法。具体应用方式很多，如劈接、切接、舌接、袋接、髓心形成层接、靠接等。枝接的季节，多在"惊蛰"到"谷雨"前后，树木开始萌动尚未发芽前，有的在生长季节也能枝接，如靠接、髓心形成层贴接。枝接的成活率高，嫁接苗生长快。但枝接用的接穗多，对砧木要求有一定的粗度，嫁接时间也受到一定限制。劈接是最常用的枝接方法。多用于根径 2~3 cm 粗的砧木，具体方法如下。

（1）削接穗。把采下的接穗去掉梢头和基部芽不饱满的部分，截成 5~6 cm 长，每段要有 2~3 个芽。然后在接穗下芽 3 cm 左右处的两侧削成一个楔形斜面。削面长 2~3 cm。

（2）劈砧木。在离地面 2~3 cm 或与地面平处，剪断或锯断砧木的树干，清除砧木周围的土、石块、杂草。锯口断面要用快刀削平滑，有利于愈合。在砧木上选皮厚纹理顺的地方做劈口。劈口的方法：如砧木比接穗粗，劈口可选断面 1/3 处；如砧径椭圆可选短径处，这样对接穗夹得更紧；如砧木较细，要选砧径椭圆长径处，以加大砧木和接穗削面的接触面。劈口时不要用力过猛，可以把劈刀放在劈口部位，轻轻地敲打刀背，使劈口深约3 cm。要注意不要让泥土落进劈口内。

（3）插接穗。用劈接刀楔部撬开切口，把接穗轻轻地插入，使接穗形成层和砧木形成层对准。如接穗较砧木细，要把接穗紧靠一边，保证接穗和砧木有一面形成层对准。粗砧木还可两边各插 1 个接穗，出芽后保留 1 个健壮的。插接穗时，不要把削面全部插进去，要外露 2~3 mm 的削面在砧木外。这样接穗和砧木的形成层接触面较大，有利于分生组织的形成和愈合。接穗插入后用绑缚材料从上往下把接口绑紧，如果劈口夹得很紧就不需要再绑缚。绑缚时注意不要触动接穗，以免接穗和砧木形成层错开。

（4）枝接绑缚。普通枝接与芽接绑缚基本相同，从接口上方向下绑缚数圈。如果在较粗的砧木上进行劈接或大枝高接等，要先在砧木锯削的平面上包上大小相应的塑料薄膜或涂上接蜡，然后用宽 3 cm、长 50~60 cm 塑料薄膜绑条绑缚。枝接后一般要 20~30 d 才能解绑。

（5）埋土。根部劈接的要埋土保湿。插好接穗后，用黄黏泥盖好切口，以免泥土掉进切口，影响愈合，再用土把砧木和接穗全部埋上。埋的时候，砧木以下部位用手按实，接穗部分埋土稍松些，接穗上端埋土要更细更松些，以利接穗萌芽出土。

2. 芽接—芽片接

以芽为接穗的嫁接方法。在枝条上剥取一个芽，嫁接在砧木上，由接芽发育成一个独立的植株。芽接节约接穗，一个芽就能繁殖成一个新植株；砧木要求不粗，一年生的苗子就能嫁接；嫁接时间长，6—9 月都可以进行；技术容易掌握，效果好，成活率高，可以迅速培育出大量苗木，嫁接后不成活对砧木影响也不大，可以重接。芽片接是目前应用最广的芽接方法。

（1）选砧木。芽接用的砧木，距地面 5~6 cm 处的直径要求 0.5 cm 以上；芽接前 10 d 左右，要把砧木下部距地面 7~8 cm 以上的分枝除去，以便操作。

（2）选接穗。最好从植株健壮、品质优良、无病虫害的中年树上采取，如接穗不足时，也可从幼树上采取。采接穗应选择树冠外围生长充实、芽体饱满的当年生发育枝。不要采徒长枝、弯曲枝、有病虫害的枝。接穗采好后，马上剪去叶片。只留叶柄，上部不充实的秋梢也要剪去，以减少水分蒸发，然后用湿布包起来，或插入盛有清水的水桶中，放在阴凉处，以备随时取用。

（3）嫁接的绑缚。用长 20 cm、宽 1 cm 的塑料薄膜条带，从接芽上方向下绑缚数圈，接后 2 周左右可解绑。

（4）埋土保湿。接近地面的枝接多采用埋土的方法保湿。一般埋土高于嫁接顶部 2 cm。覆盖时用不易板结的细表土，雨后及时打破土壤板结块，以免影响发芽。

（5）套袋保湿。目前很多采用接口套塑料袋方法保湿，效果很好。在枝接绑缚后，选用大小适宜的塑料袋，将接穗和砧木切口全部套住，袋顶与接穗顶端相距 3 cm 左右，然后再将塑料袋口扎紧，当芽萌发新梢顶着塑料袋时，将塑料袋割开，让芽继续生长。

六、嫁接苗的管理

1. 检查成活率、解除绑缚物及补接

通常嫁接初期后要经常检查成活率，对嫁接不成功的要及时补接。通常嫁接成活 2 个月后（具体应根据不同树木略有差别），应及时松绑捆扎塑料膜带，否则易形成缢痕。若接口处还没有完全愈合，还应重新绑上塑料膜带，并在一段时间后再检查，直至接口处完全愈合再松绑。

2. 剪砧、抹芽和除蘖

嫁接成活后，为使接穗吸收足够的矿质营养和水分，凡在接口上方或下方的砧木仍有萌发枝条的，要及时将接口上方或下方砧木萌发的枝条除去。并且要在 3 月末摘心以促进新梢成熟，提高抗寒能力。嫁接后砧木上很容易开始发生萌蘖，需要及时除去，否则将严重影响接穗的生长，甚至死亡。除萌蘖要经常进行，对小砧木上的最好要除净，防止再萌发；较大砧木上的可以在适当的部位选留少量萌枝，以便于第 2 年可以再接，如砧木较粗且接穗比较小，则可以不需要抹除干净，在离接穗较远的部位适当保留 1~3 个萌枝，以利于光合作用的进行。

3. 立支柱

园林树木嫁接成活后不久，如接穗刚长出新梢的时候，容易被大风折断，近而严重影响接穗的正常生长和成活率。因此，在园林树木嫁接后，特别是在第 1 次松绑时候，应该用木棍等支柱绑缚在砧木上，中上部将新梢也绑缚在支柱，每个接穗也要绑在支架上，防止被大风吹倒。采用留活桩的腹接法嫁接，可将接穗直接绑缚在活桩上。

4. 防虫

嫁接后至发芽期最易遭受早春害虫的为害，要及时用药防治。

5. 追肥

园林树木嫁接后是否要追肥要根据树木的长势情况来确定，通常长势不好的话，可以在 5 月追肥 1 次，但不要过度施肥，以防止造成枝条徒长，这样容易被大风折断。另外在秋季施一些磷钾肥，有利于防止越冬抽条。

第三节　园林观赏特色苗木嫁接砧穗愈合机制

园林绿化树木嫁接砧穗愈合是指同种或异种植物的细胞、组织或器官互相影响与作用，结合成一个完整有机体的过程，受砧穗自身和外界等多种因素的调节和控制，是植物学领域的研究热点。嫁接可使植物的产量及品质得到提升，并有助于植物更好地适应环境。了解植物嫁接砧穗愈合机制对提高嫁接成活率和嫁接技术在生产中的应用具有重要的意义。

一、嫁接砧穗愈合的形态学进程

大量研究表明，嫁接愈合过程分成 4 个阶段，包括隔离层出现，愈伤组织形成，愈伤组织分裂、增殖、抱合、连接，形成层恢复和输导组织连接。

1. 隔离层的形成

当接穗嫁接到砧木上时，砧穗之间的接合面上部分薄壁细胞受损，原生质发生凝结现象，在伤口表面形成了隔离层，外观为一层褐色的坏死组织。隔离层的形成可密封伤口使其不被病菌感染，并且能阻止有机物大量外渗，减少嫁接面水分蒸发。不同嫁接组合隔离层出现的时间也有一定的差异。

2. 愈伤组织的形成

在隔离层形成同时，愈伤口周围的形成层衍生细胞、韧皮部及皮层、木质部薄壁细胞及髓部细胞等发生脱分化从而形成愈伤组织，其周围存在着残缺的隔离层。之后，愈伤组织细胞膨大且表现为高度液泡化，砧木与接穗的接合面会发生明显隆起。由于愈伤组织的形成部位除了形成层之外还有髓部细胞等，因此对嫁接成活而言形成层并不是必需的。愈伤组织的形成能促使砧穗紧密结合，从而加速伤口愈合，此外也可分化出不定根和不定芽。

3. 愈伤组织的分裂、增殖、抱合和连接

愈伤组织的不断分裂，导致其体积不断扩增，砧穗间的空隙逐渐缩小，愈伤组织的薄壁细胞相互连接形成愈伤组织桥。隔离层随愈伤组织间的连接而消失。在输导系统连接前，愈伤组织桥负责运输接穗所需的水分和养分。一般情况下，愈伤组织桥形成越早，嫁接成活概率越大。

4. 形成层的恢复和输导组织的连接

在愈伤组织桥的边缘，与砧穗间形成层相近的薄壁细胞会向内分化形成新的木质部，向外形成新的韧皮部，使导管与筛管及砧穗间的形成层连接起来，至此整个愈合过程基本结束。砧穗之间愈伤组织维管束桥的形成是嫁接成功的重要标志。

二、砧穗愈合的生理生化机制

1. 植物内源激素含量的变化

在嫁接砧穗愈合进程中，内源激素通过影响物质运输及代谢过程等影响嫁接体成活。生长素（IAA）与嫁接成活率呈显著正相关，IAA 在嫁接初期可诱导嫁接体产生大量愈伤组织，后期时可促进维管束分化，而脱落酸（ABA）则降低嫁接成活率。同样有抑制作用的内源激素还有赤霉素（GA）和乙烯。GA 会抑制维管束形成，乙烯可加速嫁接体老化，两者都不利于嫁接体成活。

2. 可溶性蛋白质及丙二醛（MDA）的变化

可溶性蛋白质及丙二醛（MDA）是嫁接愈合过程中的重要生理指标。可溶性蛋白质是构成酶的重要组成部分，参与植物体内多种生理生化代谢过程的调控。MDA 是在植物处于逆境伤害或老化时，由组织或器官膜脂过氧化产生的，因此，可溶性蛋白质及 MDA 可在一定程度上描述植物在嫁接过程中的受损程度及代谢情况。大量研究证实，嫁接初期植物体内的可溶性蛋白质及 MDA 通常都会呈现上升趋势，如番茄嫁接后的接穗中，两者均升高。

3. 酚类及单宁的变化

酚类和单宁是嫁接成活的重要影响因素。酚类抗氧化性强，具有抗氧化及清除自由基的能力，同时还参与木质素的合成。单宁是化学组成较为复杂、具有鞣性的多元酚。一般情况下，嫁接成活率随酚类及单宁含量的升高而降低。一方面，酚类的产生会降低砧穗间的亲和性，研究发现砧穗间亲和力与酚类呈显著负相关；另一方面，酚类会与蛋白质作用生成不溶性聚合单宁，影响嫁接愈合，研究表明，单宁的含量与嫁接亲和性呈显著负相关。

4. 与木质素合成密切相关酶类物质的量和种类

（1）多酚氧化酶（PPO）的变化。PPO 参与木质素的合成，主要作用于嫁接愈合初期，其将砧穗接合部的酚类氧化成活性醌，醌聚集形成黑色和褐色的隔离层，但 PPO 过高也可使接合部愈伤组织发生褐化甚至坏死现象。研究表明，嫁接后整体水平上 PPO 趋于平稳，一般为先上升后下降，通常在不亲和嫁接组合中 PPO 活性高且持续时间长，因此，PPO 活性的高低既可以表明接穗木质化程度，又可以为嫁接植物砧穗间的亲和性判断提供参考。

（2）苯丙氨酸解氨酶（PAL）的变化。在嫁接愈合过程中，PAL 促进细胞分化及木质化，是嫁接植物功能重建及组织发育的重要因子。在嫁接后 PAL 活性基本呈上升趋势，创伤口的 PAL 高于嫁接口，这说明随着嫁接时间的延长创伤口的木质化程度高于嫁接口。PAL 在一定程度上也可描述嫁接的亲和性，如 PAL 活性最高值较高的"鸭梨/豆梨"组合的亲和性高，而该值较低的"OHF51/豆梨"组合亲和性也较低。

（3）肉桂醇脱氢酶（CAD）及木质素的变化。CAD 是影响木质素合成的关键酶，并且仅应用于木质素合成中，因而变化规律与木质素相似。木质素是嫁接口维管组织分化的前提，在嫁接砧穗愈合过程中影响重大。在对嫁接后 14 d 内的 CAD 活性以及木质素研究后发现，自根苗创伤口比嫁接口木质素含量高，有益于伤口愈合。

5. 抗氧化保护酶活性及同工酶表达

（1）抗氧化保护酶对嫁接愈合过程的影响。在砧穗愈合过程中，作为植物抗氧化防御系统的超氧化物歧化酶（SOD）、过氧化物酶（POD）、过氧化氢酶（CAT）发挥着重要作用。SOD 能够清除超氧阴离子，是生物体抗氧化系统的第一道防线，POD 参与一些蛋白质分子的交联反应和细胞壁多糖间的联结，CAT 可分解由其他部分产生的过氧化氢（H_2O_2）。嫁接初期，POD、SOD 的活性逐渐增加，可清除自由基并抑制膜脂过氧化，维护膜的结构及功能，后期随着嫁接接口的愈合，其活性逐渐下降，CAT 活性与此相反，表现出先降后增的趋势。嫁接体不同部位的 3 种酶活性也有一定差异，在油茶芽苗砧嫁接愈合过程中，砧木 POD 活性高于接穗，在黄瓜嫁接研究中，嫁接苗愈合面 SOD、POD 和 CAT 的活性均高于砧木和接穗。

（2）同工酶的表达。同工酶的表达在一定程度上为嫁接愈合提供参考。嫁接会引起砧木及接穗中的同工酶带发生变化，接穗与砧木的同工酶谱的相似系数越高，其嫁接的亲和性越强，越容易成活。

三、嫁接砧穗愈合的分子调控

1. 基因的变化

嫁接愈合过程受到基因的调控，基因的沉默或表达参与嫁接进程。对油茶芽苗砧嫁接口在愈合过程中扩增片段长度多态性（AFLP）的条带数进行分析，结果表明嫁接过程中基因出现变化。在对拟南芥嫁接 24 h 后的组织学和转录水平上进行的研究中也有此结论。基因参与嫁接过程主要表现为与嫁接相关基因出现及上调，如在山核桃嫁接后 0 d、7 d、14 d 等 3 个独立的 cDNA 测序中，发现了大量差异表达基因。此外，在嫁接愈合过程中与裂解酶、水解酶及氧化还原酶等活性相关的基因上调，激活乙烯和茉莉酸的生物合成，从而参与隔离层的分解、维管束的连接等。在葡萄嫁接后 3 d 和 28 d 的砧木和接穗的转录组研究中发现，在个体基因水平上，接种后 3 d 砧穗愈合面组织中 52 个基因被特异性上调，包括许多与激素信号相关的基因，例如，细胞分裂素和茉莉酸信号，次级代谢，非生物胁迫和受体激酶相关基因等，其中与韧皮部发育及蛋白质降解相关的基因表现为显著上调。同时，嫁接砧穗接合处出现的特异性基因会随着时间的延长参与嫁接体的一系列生理活动，如接合处与衰老相关基因参与细胞次生代谢、细胞壁的合成、木质部和韧皮部连接等过程，参与细胞间的信号传递，从而调控酶的表达，影响嫁接植物的开花结果及品质等，如嫁接后可开花基因型的砧木会传递开花刺激信号至不开花基因型的接穗从而有助于接穗开花等。

2. miRNA 调控

miRNA 是一类参与转录后基因调控的内源性非编码小 RNA，在植物生长、发育和胁迫反应中起关键作用。在嫁接愈合中，miRNA 的表达同样有重要意义。在对西瓜嫁接后全基因组范围的 miRNA 的研究发现，与自嫁接相比，西瓜嫁接到葫芦和南瓜上的 miRNA 表达明显不同，但作用机制还有待进一步研究。

3. 特异性蛋白的出现

在黄瓜嫁接中出现了 1~2 种特异性蛋白，对黄瓜嫁接苗和自根苗的蛋白质组学研究中发现嫁接苗叶片中新产生了 4 种蛋白：提高抗病抗逆能力的 R 蛋白（RGC693 蛋白），促进萜烯类物质合成的鲨烯合酶，促进叶绿体合成的辅酶和提高光能利用率的捕光叶绿素 a/b 结合蛋白。

四、外源植物生长调节剂的调控

大量研究发现，在植物嫁接愈合期间加入一定量的外源植物生长调节剂会对接合部的愈合产生有益效果，加速嫁接砧穗愈合，如使用细胞激动素药剂处理嫁接苗，可显著缩短愈合时间，促进接穗生长并有利于嵌合体愈合，其他外源植物生长调节剂如一定质量浓度的二氯苯氧乙酸、生根粉 6 号（ABT6）、吲哚丁酸（IBA）、萘乙酸（NAA）等均对嫁接植物成活有促进作用。

第六章　其他育苗繁殖方法

第一节　园林观赏植物分株繁殖技术

自然界的植物在各种不利的条件下形成了极强的生存能力，它们在受伤或折断时也能生长，并能从受伤部位长出新根。从植物这些自我增殖特性中，形成了分株、压条及其他无性繁殖技术。分株和压条是观赏植物常用的繁殖方法，简便易行，繁殖成功率高，非常适用。然而，这类看似简单的繁殖方法，也有一定的技术特点需要掌握，特别是各类方法适合的植物种类、时期等不同。现将观赏植物的分株与压条繁殖方法介绍如下，供园林工作者参考。

一、分株繁殖的时间

主要在春秋2个季节进行，主要适用于可观赏的花灌木种类。因为要考虑后期花的观赏效果，一般春季开花植物宜在秋季落叶后进行，而秋季开花植物应在春季萌芽前进行。落叶花木类，分株繁殖宜在休眠期进行，南方可在秋季落叶后进行，北方宜在开春土壤解冻而尚未萌芽前进行；常绿花木类，南方多在冬季进行，北方多在春季出芽前后进行。

二、分株繁殖方法

1. 根据植物自身特点分类

分株繁殖就是指把某些植物的根部或茎部产生的可供繁殖的根蘖、茎蘖等，从母株上分割下来，从而得到新的独立植株的繁殖方式。具体方法如下。

（1）根蘖。适于根上容易发生不定芽而自然长成根蘖苗的树种，如枣、山楂、石榴、樱桃、树莓、杜梨、杏、山定子等。为促进根蘖苗的大量发生，休眠期在母树树冠外围挖沟，切断部分骨干根，沟中施肥、培土、灌水，使断根处萌生新株，但要注意病毒病的传播。

（2）匍匐茎。草莓的匍匐茎其节部着地后，即可生根，上部发芽，切离母体即成新株。

（3）吸芽。香蕉的地下茎和菠萝的地上茎，能抽生吸芽，选其健壮，有一定大小的吸芽，切离母体即可成为新株。

2. 根据分株的操作方法分类

（1）侧分法。在母株一侧或两侧将土挖开、露出根系，然后将带有一定基干（一般1~3个）和根系的母株带根挖出，另行栽植。用此方法挖掘时，注意不要对母株根系造成太大的损伤，以免影响母株的生长发育，减少以后的萌蘖。

（2）掘分法。将母株全部带根挖起，用利刀或利斧将植株根部分成几份，每份的地上部均应各带1~3个基干，地下部带有一定数量的根系分株后适当修剪，再另行栽植。另外，分株繁殖可结合出圃工作进行。在对出圃苗木的质量没有影响的前提下，可从出圃苗上剪下少量带有根系的分蘖枝进行种植培养，这也是分株繁殖的1种形式。

第二节　园林观赏苗木压条繁殖技术

一、压条繁殖的定义

压条繁殖就是将未脱离母体的枝条压入土内，或在空中包以湿润材料，待生根后把枝条切离母体，成为独立新植株的繁殖方法。

二、压条繁殖的时期

依压条时期的不同，可以分为休眠期压条和生长期压条。

1. 休眠期压条

休眠期压条是在秋季落叶后或早春发芽前，利用一二年生的成熟枝条进行。休眠期压条多采用普通压条法。

2. 生长期压条

生长期压条一般在雨季进行，北方常在夏季，南方常在春、秋两季，用当年生的枝条压条。在生长期进行的压条多采用堆土压条法和空中压条法。

三、压条繁殖方法

压条的种类和方法很多，依据其压条位置的不同分为低压法和高压法。

1. 低压法

根据压条的状态不同又分为普通压条法、水平压条法、波状压条法及壅土压条法。

（1）普通压条法。普通压条法是最常用的一种压条方法。适用于枝条离地面比较近而又易于弯曲的观赏苗木种类，如夹竹桃、栀子花、大叶黄杨等。方法是将近地面的一二年生枝条压入土中，顶梢露出土面，在压部位深8~20 cm，视枝条大小而定，并将枝条刻伤，促使其生根。枝条弯曲时注意要顺势不要硬折。如果用木钩（树杈也可）钩住枝条压入土中，效果更好。待其被压部位在土中生根后，再与母株分离。这种压条方法一般一根枝条只能繁育一株幼苗且要求母株四周有较大的空地。

（2）水平压条法。水平压条法适用于枝条长且易生根的树种，如迎春、连翘等通常仅在早春进行。具体方法是将整个枝条水平压入沟中，使每个芽节下方产生不定根，上方芽萌发新枝，待成活后分别切离母体培养。一根枝条可得数株苗木。

（3）波状压条法也叫弧形压条，适用于枝条长且柔软或具有蔓性的树种，如葡萄、紫藤等。将整个枝条波浪状压入沟中，枝条弯曲的波谷压入土，波峰露出地面。以后压入地下部分产生不定根，露出地面的芽抽生新枝，待成活后分别与母株切离成为新的植株。

（4）壅土压条法又称"直立压条法"。被压的枝条不需弯曲，如贴梗海棠、八仙花等，均可使用此法。方法是将母株在冬季或早春于近地面处剪断，灌木可从地际处抹头，乔木可于树干基部5~6个芽处剪断，促其萌发出多数新枝。待新生枝长到30~40 cm时，对行生枝基部刻伤或环状剥皮，并在其周围堆土埋住基部，堆土后应维持土壤湿润。堆土时注意用土将各枝间距排开，以免后来苗根交叉。一般堆土后20 d左右开始生根，休眠期可扒开土堆，将每个枝条从基部剪断，切离母体而成为新植株。

2. 高压法

高压法又称空中压条法。凡是枝条坚硬、不易弯曲或树冠太高、不易产生萌蘖的树种均可采用。高压法一般在生长期进行，将枝条在被压处进行环状剥皮或刻伤处理，然后用塑料袋或对开的竹筒等套在被刻伤处，内填沃土或苔藓或蛭石等疏松湿润物，用绳将塑料袋或竹筒等扎紧，保持湿润，使枝条接触土壤的部位生根，然后与母株分离，取下栽植成为新的植株。

四、压条繁殖苗后期管理

压条之后应保持土壤适当湿润，并要经常松土除草，使土壤疏松，透气良好，促使生根。冬季寒冷地区应予以覆草，免受霜冻之害。随时检查埋入土中的枝条是否露出地面，如已经露出必须重压。留在地上的枝条若生长太长，可适当剪去顶梢，如果情况良好，对被压部位尽量不要触动，以免影响生根。

分离压条的时间，以根的生长情况为准，必须有了良好的根梢方可分割。对于较大的枝条不可 1 次割断，应分 2~3 次切割。初分离的新植株应特别注意保护，及时灌水、遮阳等。畏冷植株应移入温室越冬。

总而言之，这 2 种方法比较来看，分株繁殖简单易行，成活率高。但繁殖系数小，不便于大量生产，多用于名贵花木的繁殖或少量苗木的繁殖。压条繁殖法成活率也还可以，但受母株的限制，繁殖系数较小，且生产时间较长。因此，压条繁殖多用于扦插繁殖不易生根的树种，如兰花、桂花、米仔兰等。大家在给自家苗木选择繁殖方式时可以综合实际情况来看。

第三节　园林观赏苗木组织培养繁育技术

一、园林观赏苗木组织培养繁育技术概述

木本植物组织培养的依据为细胞全能性理论，即植物的每个细胞都有发育成为完整植株的潜能。20 世纪 90 年代应用组织培养实现离体快速繁殖的木本观赏植物主要分布在蔷薇科、豆科、木犀科、松科、杉科、大戟科、桑科、牡丹科、紫茉莉科、棕榈科、鼠李科等，约有 100 种，其中蔷薇科包括山楂属、枇杷属、苹果属、梨属、蔷薇属、李属等共约 20 种，占组培木本观赏植物总数的 20 %左右。常见的木本观赏植物大约有 1 000 种，能通过组培快繁的种类约占总数的 10 %。可见，能通过组培快繁的树木种类仅占很少一部分。用于离体快繁的外植体材料包括根段、茎段（腋芽）、顶芽（茎尖）、叶片、花药、胚珠、胚（胚轴）、子叶、种子、果实等。

因为组织培养是在完全无菌的环境下操作的，所以做好植物起始材料的脱菌工作非常重要。要获得完全无菌的接种材料，一方面可选取植物组织内部无菌的材料，另一方面可通过消毒处理杀死植物材料表面存在的微生物，根据不同材料选用不同消毒剂及适合的浓度和处理时间，运用不同消毒方

法。植物脱菌采用乙醇、升汞、次氯酸钠等灭菌液，灭菌液中有时适量添加吐温，以增加渗透性、提高灭菌效率。灭菌液一方面可对植物进行脱菌，另一方面也可对植物造成一定毒害，因而灭菌过程后需多次用无菌水冲洗。培养基模拟自然环境下各类营养物质对植物提供养分。培养基由大量元素、微量元素、有机物、铁盐、各类激素等。

相比于传统的扦插与嫁接等育苗方法，组培法培育幼苗能够有效地节约繁殖所需的植物材料，现在利用组培法需要 3 mm 左右的插穗，而传统法最低需要 20 cm 左右；并且在有效节约育苗材料的基础上，采用组培法进行育苗，植株活力旺盛，繁殖效果好，繁殖系数也较传统育苗法有了飞跃式的增长。

二、组织培养技术用于园林树木育苗的优势

1. 进行无菌培养

培育无菌苗木，由于无菌培养是在无菌室中进行，整个操作、培养环节都经过灭菌处理，进而保证了幼苗成长的环境。

2. 使新的植株完全保留母株的遗传优势

可以使新的植株完全保留母株的遗传优势，采用无菌培养，利用无性繁殖技术，培养样本采用母株的细胞，保证了新的植株遗传特性与母体几乎一致。

3. 节约植物材料

由于采用组培技术需要的材料以细胞为单位，需要的植物材料非常少，可以有效地节约植物材料。

4. 有效地解决传统育苗技术难以繁殖的园林树木

有些树种在扦插等环节要求较高，难以使用传统的育苗手段来繁殖。但是也要看到，采用组培技术也存在一定的缺陷，组培技术需要专业的无菌室、无菌设备以及需要严格的灭菌处理等操作，导致其在实际应用中具有生产成本高、操作步骤复杂严格的缺陷，大面积推广目前来说还比较困难。

三、组织培养育苗设备的选择

1. 育苗容器的选择

传统的育苗技术中大多采用箱类或者陶器类的容器，而培养物质则较为随意，大都是人工配制的腐肥等，并且在实际的育苗过程中较为依赖人工，因而导致育苗效率较低，成本较高。近年来，园林育苗容器越来越小型化，

塑料杯、纸杯等应用也较为普遍。使用这样的培养容器能够较为科学地对幼苗进行管理，能够有效减少运输过程中的空间，方便于批量生产，其培养基质采用透水透气性良好的混合肥料，以保持其具有较高的保水保肥性，来满足幼苗的营养需求，在提高育苗生产效率的同时，保证了育苗的质量，缩短育苗生产周期。

2. 培养基质的选择

传统的育苗方式中，幼苗的培养基质基本上是由各种土壤混合添加剂制成的复合肥料，这种基质容易导致细菌等微生物的滋生，影响苗木质量，此外幼苗的吸收效率也不高。现在，在幼苗培育中大多采用无土栽培技术，这相较于过去其生产效率有了较大的提高。无土栽培，也就是采用水培方式进行育苗，一般有 2 个发展方向：一种是混合特殊基质的水培育苗，其主要采用的基质有蛭石培、泥炭培和刨花培等；另一种是水培方式无基质的气插育苗。水培育苗法相较于传统的育苗方法来说，优势非常明显，其对地形的要求较低，无须专门的土地来进行培养，可以有效利用碎片化的土地，如屋顶等处，在美化环境的同时，可以有效地利用空间和提高苗木的生产效率；同时，由于采用水培方式进行的育苗方式，采用的是经过灭菌处理的营养液，可以在满足植物生长所需全部养料的同时，降低苗木发病的概率，提高育苗质量；此外，采用水培方式进行育苗，能有效提高植株的生根率，进而提高其成活率。

3. 温室的发展

以往在进行园林树木的育苗工作时，通常是在空旷的田野中进行，其往往受自然气候的影响较大，生产时间受到制约，不利于提高育苗的产量。为了降低育苗工作对自然环境的依赖性，人们开始采用大棚育苗的方式。在大棚内能够为植株的生长提供全年的适宜生长环境，通过合理的控制温湿度，调节苗木的生长速率，缩短育苗的生产周期，增加出苗量。大型的塑料大棚能够满足全机械化的生产方式，提高生产效率。塑料大棚的材质透光性能优良且具有良好的保温效果，能有效避免冻害发生。温度是大棚育苗的关键，因而要加强其气温调节能力，近年来，泡粒温室的出现有效地解决了这一问题。泡粒温室工作原理是，在傍晚气温较低时，通过鼓风机把聚氯乙烯材料的塑料微粒送到 2 层玻璃之间，以起到保温效果；当白天气温较高，需要较好的光照时，再用鼓风机把聚氯乙烯材料的塑料微粒吸出，以保证玻璃大棚有较好的通光性能。随着大棚技术的不断更新，温室大棚电气化、自动化的程度也越来越高，其可以将调温、调湿、光照、施肥、灌溉和除草等多种功能集于一体，实现高度自动化管理。同时，还可以人为地控制温室中二氧化碳的含量以及利用不同色泽的棚膜透光性能的差异，来筛选有益波长的光照抑制呼吸作用，提高光合作用效率。

总之，城市园林绿化建设量在不断增多，对园林育苗工作也提出了更高的要求。这就需要育苗工作者能够综合运用多种育苗技术，发挥各自的技术优势，从而大幅度提升育苗效率，提高苗木的产量以满足日益增长的建设需求。当然，随着技术的不断进步，育苗技术仍然具有非常大的发展空间。

第四节　园林观赏苗木现代繁育技术

一、现代生物技术育种

随着以植物基因工程和细胞工程技术为核心的现代生物技术在园林植物中得到广泛应用并渐趋成熟，涉及分子标记辅助选择育种、基因分离和转移、原生质体融合（体细胞杂交）、离体胚培养、花粉和花药培养等新技术，从20世纪80年代开始，已成为改良园林植物品种和创造新种质的捷径，并已取得令人瞩目的成就。国内外对月季、菊花、香石竹、非洲菊、石斛、草原龙胆、郁金香、百合、唐菖蒲、安祖花、伽蓝菜、仙客来、金鱼草、矮牵牛、智利喇叭花、杜鹃、向日葵、连翘、水仙、花叶芋、石蒜、朱顶红、天竺葵、萱草、吊兰、鸭跖草、热带兰、罂粟等上百种园林植物开展了较为广泛的研究，重点探讨了株型和花型、花色和香味、生长发育、抗衰老、抗病虫、抗逆境等方面的生物技术育种。基因工程的基本步骤为：合成或从自然界分离克隆目的基因将带目的基因的DNA片段与载体DNA连接实现体外重组，将重组DNA导入受体细胞，并获得具有外源基因的个体。然后对克隆子进行筛选和鉴定。基因工程中需要限制性内切酶、连接酶、末端转移酶、末端修饰酶等核酸酶系的参与。从自然界现存生物中分离目的基因是获得目的基因的主要途径，可采取通过构建cDNA文库和基因组文库分离目的基因、用聚合酶链式反应（PCR）技术从基因组中扩增出目的基因。用于园林植物转基因的方法有：农杆菌介导（叶盘转化、原生质体共培养法、悬浮细胞共培养法）和直接转移（电穿孔法、激光轰击法、聚乙二醇介导法、花粉管通道法、显微注射法等）。在开展基因工程中，构建合适的转化体系是极其重要的；同时，不同的园林植物在具体的转基因过程中需采用适于其遗传转化的技术路线。

此外，细胞工程技术也在园林植物育种中起到了重要作用。采用植物细胞工程技术开展优良遗传基础园林植物及脱毒种苗（球）的快速繁殖、细胞或组织培养过程中体细胞变异体的诱导和筛选、细胞大量培养中次生代谢物利用、原生质体培养及融合、利用花药或花粉为外植体的单倍体育种等，进行了较广泛的研究，并已培育出一批新种质。细胞培养的基本过程包括：外植体的筛选和除菌、培养基的配制、无菌接种和培养、收获或传代。但对于不同的园林植物材料在采取不同的细胞工程育种过程中，其具体的工程路线应分别制订。

二、航天育种

随着航天技术的不断发展，通过卫星或宇宙飞船搭载植物材料，利用微重力、空间辐射、超真空、超净环境等空间环境的影响，使植物出现遗传变异，已成为植物育种的新技术，并已引起国内外遗传育种界的广泛重视。该技术不像基因工程存在目前不可预测的一些风险问题，是安全可靠的育种方法。世界上仅中国、美国和俄罗斯进行了航天搭载的航天诱变育种。苏联将枞树航天诱变后获得速生的植株；俄罗斯在"礼炮号"和"和平号"空间站栽培小麦、洋葱、兰花等植物，发现比地球上的生长快，成熟早。美国在航天飞船上进行了松树、燕麦、绿豆等的试验，发现植物生长正常，并可提高产量。我国最早在 1987 年首次搭载植物种子、藻类、菌种和昆虫卵，并获得了变异体；迄今为止已完成了 300 多项航天搭载试验，筛选出一批突变体、新品种（系）；其中搭载过的园林观赏植物有油松、鸡冠花、三色堇、矮牵牛、一串红、龙葵、菊花、兰花、甘蓝、百合、白莲、月季、孔雀草、紫色酢浆草、醉蝶、牡丹等，并已育出了白莲、毛百合、菊花、牡丹等新品种。2003 年 10 月 15 日我国首次载人飞船"神舟五号"还搭了由台湾提供的青椒、番茄、杧果、香蕉、玉米、菊花、梅花、兰花的一条根、潺槁树、红花石蒜等特产和林木种子，共计 36 种；可见，以观赏性状为育种目标的园林植物，利用航天技术育种产生的变异幅度会比传统诱变技术的更大，对改良或种质创新提供了崭新的育种途径。

三、其他育种新技术

随着科技的蓬勃发展，一些新的育种技术应运而生。激光辐射、电子束、离子注入等诱变新技术已在农作物和园林植物上获得成功，并呈现出良好的开发应用前景。这些新技术将成为今后园林植物育种研究中极有开发前景的补充手段。尤其是离子注入诱变育种，它是我国首创开发的具有自主知识产权的育种新技术。离子注入诱变育种过程中，不仅离子束的能量对生物体有重要的作用，而且离子本身最终能停留在生物体内，对生物体的变异产生重要的影响，这是它与一般射线进行的辐射育种和利用太空中微重力、空间辐射、超真空、超净环境等空间环境诱变育种的主要区别与突出优点。

离子注入诱变育种的主要优点：变异率高，一般要比自然变异率高1 000倍以上；变异谱宽，即变异的类型多，能够产生自然界里从未见过的新类型；变异稳定快，可以大大缩短育种周期；离子注入诱变育种技术稳定可靠，简便易行。目前该育种新技术已在凤仙花、大秋葵、紫鸡冠、黄鸡冠、一串红、新疆奥斯曼草等花卉上开展研究，并取得重要的阶段性成果。离子束与生物的相互作用不仅有物理的和化学的，而且还会引起强烈的生物效应，从而促使生物产生各种变异（其中有许多是自然条件下极为罕见或难以产生的），可以从中选出所期望的优良变异种质，经过培育而成为新品种（系）。具体做法：园林植物材料经离子注入后，使其诱发变异，经选择和鉴定，加以扩繁推广。根据园林植物育种领域的发展现状及动态，今后园林植物育种将按照充分利用已有的相对成熟的方法和手段的基础上，进一步完善已开发出的育种新技术，并会积极借鉴相关学科的新理论和新原理，挖掘新技术。同时，将多学科相互渗透，新旧方法和技术交融使用（如现已开发使用的离子束介导转基因、胚培养杂种优势利用等技术），综合性开发相关方法和技术，高效、优质、可持续繁育园林植物新种质，为全球环境绿化和美化服务。

第七章　园林观赏苗木的整形修剪

第一节　园林观赏苗木整形修剪的相关知识

植树造林、绿化家园是推进生态文明建设和满足人民美好生活需要的重要举措。党的十九大把坚持人与自然和谐共生作为基本方略，将建设美丽中国作为全面建设社会主义现代化国家的重大目标，明确提出了推动绿色发展、推进生态文明和美丽中国建设的目标要求。

一、什么是整形修剪

整形是指根据植物生长发育特性和人们观赏与生产的需要，对植物施行一定的技术措施以培养出所需要的结构和形态的一种技术。

修剪是指对植物的某些器官（茎、枝、芽、叶、花、果、根）进行部分疏删和剪截的操作。

整形修剪通常当作一个名词来理解，在实际上两者密切联系，互为依靠，却又有不同含义。

整形是通过修剪技术来完成的，修剪又是在整形的基础上而实行的，修剪是手段，整形是目的。一般在植物幼年期以整形为主，当经过一定阶段冠形骨架基本形成后，则以修剪为主。但任何修剪时期都有整形的概念。两者是统一于一定栽培管理目的要求之下的技术措施。

二、整形修剪的目的

一是抑制局部生长，促进其他部位或整体的生长，如植株顶端或某个枝梢生长点的摘心，将抑制这一部分的营养生长，而促进下部侧芽的萌发和侧枝的生长。

二是调整树冠内枝叶密度，改善植株内光照状况，提高叶片的光合效率，有利于提高产量和改善品质。

三是抑制强旺的营养生长，使营养物质向生殖生长方面转化，未结果的幼年果树，控制生长的措施很重要，能促使早成花早结果。

四是疏除过多的果实，减小负载量，也能促进营养生长。

五是塑造合理的树形。果树的整形修剪，本质是生长控制。幼树时期可通过修剪塑造一定的树形。

六是去除病虫枝、弱细枝，减少水分和养分的无效损耗，促进正常枝梢的生长。

七是复壮。回缩性修剪，减少生长点数目，都能达到复壮的目的。

三、整形修剪的意义

十年树木，百年树人。树木需要整形修剪才能成材。根据树木的生长发育特征、生长环境和栽培目的不同，对树木进行适当的整形修剪，既是树木自身生理的需要，也是在城市中构建人与自然和谐发展的需要。

1. 整形修剪对树木培育的意义

树木的整形修剪，可以起到调节树木的生长状况，调节植株的长势，防止分枝无效竞争、徒长，延缓树木衰老，促进开花结果等作用。

（1）调节生长发育。整形修剪可以调节水养运转与分配从而影响树木的生长发育，对于衰老的树木，树冠内部出现秃裸，外围树枝也会出现残缺枯死，生长势头减弱，冠形不整，开花结果量减少，适度的修剪措施可以刺激枝干皮层隐芽萌发成健壮新枝，从而达到恢复树势，调节生长发育的目的。整形修剪也可以促进幼树的培育，对苗木的地上部分经过修剪减少了不必要的分枝和叶子，而被保留下的枝叶会得到更多的水分营养，进而促进了局部生长；部分树种的矮化也是通过这种形式实现的。

（2）改善树冠通透性。当树冠过于浓密时，内整形修剪可以适当疏枝，树冠内膛得不到充足光照，极易形成其下部秃裸；通风不足容易导致内膛湿度大，进而容易诱发病虫害。整形修剪可以改善树木的透光通风进而保证树木的健康生长。

（3）提高抵抗自然灾害的能力。整形修剪对树形较高，枝杈浓密的树种，可以通过改变树木高径比，通透性等方式有效地提高对强风、暴雪的抵抗能力。

（4）调节树木开花结实。通过整形修剪可以调节树木的水分供应，进而影响树木开花的时间和数量，不仅可以有效促进树木生长，还可以避免因树木负担过重而出现的大小年现象。

2. 整形修剪对树木养护管理的意义

根据不同的标准对树木有不同的分类方法，有按照传统的植物学（界、门、纲、目、科、属、种）划分，有按照生长场所划分，有按照成长习性和株丛类型划分，还有按照适应能力划分等。无论如何划分，出发点都是归类方便人类辨识利用，核心讲的是人与自然的和谐发展。在这里探讨整形修剪对树木养护管理的意义，也是从人与自然和谐发展特别是城市绿化的角度来展开的。

（1）整形修剪可调整树势，融入城市规划绿化作为城市的规划的一部分，势必要与周边的环境形成呼应。更好地发挥树木在城市中的观赏功能、美化功能、降污降噪功能及遮阳避暑功能，都要通过整形修剪来完成。整形修剪可培养出理想的主干、丰满的侧枝以及多种造型与功能，使树木按照人们设计好的树形生长与发展。

（2）整形修剪可形成优美的树形，增强景观美化效果城市不同的环境对于美的追求却是相同的，通过整形修剪使树木从搭配、结构、形态和比例尺度上进行调整使其于环境协调搭配，从而发挥其使用价值和观赏价值。

（3）避免和减少安全隐患。城市中环境复杂，通过整形修剪可使树木避免与电线接触造成人员触电；对树冠树枝的修剪整形使树木避免影响路灯照明，避开地上和空中的障碍以免影响车辆通行；修剪高大树木的枯枝可以避免其掉下来对行人造成伤害。

（4）提高移植成活率，人们对绿化的需求不断提高，城市规划的不断发展都使得树木的移植越发普遍，树木的移植起苗会造成根的一定损坏，整形修剪可以有效地平衡树木的水养平衡，保证树木移植的成活率。

四、整形修剪的原则

整形修剪作为树木培育和养护管理的重要手段，目的是更大效用地发挥树木的作用，扬长避短地实现树木的价值以达到人与自然的和谐发展。整形修剪的原则也要围绕着其目的展开。整形修剪不能程式化，要以人为本，从实际情况出发，综合考虑大环境和小环境以达到更好的效果。

1. 遵循绿化规划设计的要求

不同的树种有不同的整形修剪方式，即使是同一树种也有多种整形修剪的方法，如何操作应以园林的整体设计规划要求为基础。在规划设计初期，包括位置、主题、树种的选择等都是规划好的，整形修剪要对应其所在的园林风格和景观配置。

2. 遵循树种生长发育习性

为符合人们绿化要求，整形修剪还必须从实际出发，充分考虑树种的生长发育特性，才能达到理想的效果。

（1）不同树种要采取不同的修剪方法。不同树种的生长习性有很大差异：有些树种顶芽生长势力强，如钻天杨、银杏，整形时应留有主干和中干，形成圆锥形、圆柱形等；有些树种顶端长势不强但发枝能力很强，如栀子花、榆叶梅，应整成自然球形或半圆形；垂枝类树种如龙爪槐宜整形成伞形；同一树种不同的品种也要根据情况有所区别。

（2）树木的发枝能力决定了整形修剪的强度和频次。强萌芽发枝能力的树种如大叶黄杨、女贞等能耐多次的修剪，而弱萌芽能力或弱愈伤组织能力的树种，如泡桐、桂花、玉兰等，应少修剪或略微修剪。

（3）平衡主枝和侧枝长势。顶端优势强的树种修剪时要控制侧枝，剪除竞争枝以保证主枝的发育；想要调节侧枝的长势，则对强侧枝弱剪，对弱侧枝强剪；对具有多歧分枝的树种，要抑强扶弱，采取强枝强剪、弱枝弱剪的原则。

（4）根据花芽的着生部位、性质和开花习性。区别整形修剪花芽的着生部位、性质和开花习性的不同决定了整形修剪的时间、剪口位置和修剪量的不同。

（5）遵循树木的年龄时期。一般来讲，宜对幼树弱剪，衰老期强剪，成年期平衡营养和开花结实的矛盾，延缓衰老。

3. 遵循因地制宜的原则

（1）考虑气候条件的影响。中国幅员辽阔，南方炎热湿润，北方干燥冬季寒冷，温度、日照时间、降水量、风力的大小等因素都决定了树木的整形修剪的形态。

（2）考虑树木的小环境的影响。树木的小环境包括其成长所在地的土壤、空间、光照、地形等因素。小环境不同，决定了树木成长的速度和上限不同，适应小环境的整形修剪，才能让树木安全、健康、美观。

（3）考虑人文经济的因素。整形修剪的频次和强度都是需要投入时间、金钱和精力来完成的，因地制宜除了遵循自然的条件，也要充分地考虑当地的人文经济因素。

五、整形修剪的时间

根据园林树木生长的习性和特点，园林树木修剪可分为休眠期修剪和生长期修剪2种。休眠期修剪又叫冬季修剪（12月至翌年2月）。耐寒力差的树种最好在早春进行，以免伤口受风寒之害。落叶树一般在冬季落叶到翌年春季萌发前进行。冬季修剪对观赏树木树冠的形成、枝梢生长及花果枝形成等有很大影响。生长期修剪又叫夏季修剪（4—10月）。从芽萌动后至落叶前进行，即新梢停止生长前进行。具体修剪时期还应根据当地气候条件及树种特性而有所不同，如观花灌木整形修剪必须根据树木花芽分化类型或开花类别、观赏要求进行。

月季、绣球、玫瑰等夏秋在当年生枝条上开花的灌木，若其花芽当年分化而不开花，应于休眠期重剪，有利于促发枝条，促使当年分化好花芽并开花。

丁香、榆叶梅等春季在隔年生枝条上开花的灌木，其花芽在头年秋分化，经一定累积的低温期于来年春开花，其修剪应在开花后1~2周进行。

六、园林观赏苗木整形修剪的技术

园林树木的修剪方法按树木修剪的时间不同有冬季修剪和夏季修剪。冬季修剪采取的一般方式有短截、回缩、疏枝、缓放、截干、平茬等。夏季修剪采取的方法有摘心、剪梢、除萌、抹芽等。在对园林树木进行修剪时，必须按修剪的时间、所修剪树木的生长状况及修剪的目的选择合适的修剪方法。

1. 冬季修剪的方法

（1）短截。短截指的是把园林树木一年生枝条的前端剪去一截的修剪方法。此法对于刺激剪口下的侧芽萌发，增加树木的枝量，促进树木营养生长和增加树木开花结果量有较大作用。

（2）回缩。也被称为缩剪，是指将多年生枝条剪去一部分，多用于枝组或骨干枝更新，还用来控制树冠辅养枝等。回缩因修剪量较大，具有刺激较重、更新复壮的作用。缩剪反应与缩剪程度、留枝强弱、伤口大小等有关，回缩的结果可能是促进作用，也可能是抑制作用。若回缩后留强的直立枝，伤口较小，缩剪又适度，能促进营养生长；反之，若缩剪后留斜生枝或下垂枝，而且伤口又较大，可能抑制树木的生长。前者多用于树木的更新复壮，即在回缩处留有生长势好的、位置适当的枝条；后者多在控制树冠或者辅养枝方面使用。此外，毛白杨在回缩大枝时需注意皮脊，皮脊是主枝基部稍微鼓起、颜色较深的环（或半环状）。皮脊起保护作用，也就是往木材里延伸形成一个膜，将枝与干分开，称之为保护颈。在剪除大枝时，要求剪口或锯口留在皮脊的外侧，留下保护颈，目的是预防微生物等侵入主干，防止木材的朽烂。

（3）疏枝。疏枝是把枝条从基部剪去的修剪方法，又称疏剪或疏删。把新梢、一年生枝、多年生枝从基部去掉都称为疏枝。疏枝主要用于除去树冠内过密的枝条，减少树冠内枝条的数量，使枝条均匀分布，使树冠产生良好的通风透光条件，使枝叶生长健壮，对花芽分化和开花结果有利，疏枝会削弱树木的总生长量，同时在局部的促进作用上不如短截明显。但是，如果只是去除树木的衰弱枝，还是能起到促使整株树木长势加强的作用。

（4）缓放。缓放是对园林树木的枝条不予处理的修剪方法，缓放不是在修剪的过程中遗忘了对某些枝条进行处理，而是针对枝条的生长发育情况，对其不做修剪而达到任其自然生长的目的。利用单个枝条生长势逐年减弱的现象，对部分长势中等的枝条长放不剪，树干的下部容易萌发产生中、短枝。这些枝条停止生长早、同化面积大、光合产物多，有利于花芽形成。所以，常对幼树、旺树进行长放进而缓和树势，促进提早开花、结果。长放的方法对于长势中庸的树木、平生枝、斜生枝的应用等效果更好。但是，对幼树骨干枝的延长枝或背生枝、徒长枝，则无法采用长放的修剪方法。对于弱树也不宜多用长放的方法。

（5）截干。截干指的是将树木的主干截断的修剪方法，即将树木的树冠去掉，只留下一定高度的树干。这种方式是较重的修剪方法。截干的方法一般在树木移栽时使用，起苗后或起苗时将树木的树干在一定高度剪断乃至锯断，将树木的树冠去掉，提高树木移栽成活率，并让树木在移栽后长成新的树冠。另外，截干的方法也可用于未进行移植的树木，即将树木的主干从某个高度截断，去掉树木原有的树冠，刺激主干上的潜伏芽萌发长出新的树冠。不过，截干的方法对于没有潜伏芽或潜伏芽寿命较短和萌芽力、成枝力较弱的树种都不合适。对树木截干取决于树木的生长习性和园林树木的具体要求，选择适宜的时间进行，不可盲目操作。

（6）平茬。平茬指的是把树木的地上部分在近地面处截去，只保留几厘米到十几厘米长的一段树干的修剪方法。平茬的方法一般用于灌木。有时平茬也可用于乔木幼树的主干培育，能够刺激树木的潜伏芽萌发长出较为强壮的笔直的主干。平茬的方法也能在树木移植时使用。对于在冬天地上部分容易受到冻害的灌木进行平茬时，需将留下的部分埋入土中防寒防冻，可在翌年萌发产生新的树冠。而对于当年形成花芽当年开花的灌木，要刺激萌发较为强壮的枝条，产生新的强壮的树冠，并创造良好的观花效果，一般采用平茬的方法进行修剪。在移栽树体较小的灌木时，也可将树木的地上部分进行平茬，达到其在移栽后长出新的树冠的目的。

2. 夏季修剪的方法

（1）摘心。即掐尖，是把新梢顶端摘除的技术措施。摘心一般用于花木的整剪，还常用于草本花卉上。例如，园林绿化中较常应用的草本花卉大丽花进行摘心可以培育成多本大丽花。

（2）剪梢。剪梢还能抑制新梢的生长、促进花芽分化。不过，剪梢的方法对树木生长的影响一般比摘心对树木的生长造成的影响大。这是由于运用剪梢的方法剪去的新梢枝叶要比摘心去掉的枝叶更多，这样减少了树木光合作用制造的营养，从而对树木的生长产生比较严重的影响。若要控制新梢的生长，优先使用摘心的方法，而在没有及时对新梢进行摘心时，才能采用剪梢的方法进行补救。

（3）抹芽。抹芽指的是把已经萌发的叶芽及时除去，以防止其继续生长成为新梢的修剪方法。对于园林树木的主干、主枝基部或锯断大枝的伤口周围通常会有潜伏芽萌发而抽生新梢，从而扰乱树形，影响树木主体的生长。通过抹芽能够减少树体上生长点的数量，降低新梢前期生长对树体储存养分的消耗，并改善树木的光照条件。更重要的是，通过抹芽控制新梢发生的部位，能够避免在不当的部位长出新梢扰乱树形，有利于在幼树期培养良好的树形。而嫁接后对砧木采取抹芽的措施有利于接穗的生长，在树木的生长期进行抹芽还能减少树木冬季修剪的工作量，也可避免树木在冬季修剪后伤口过多。

（4）去蘖。即除萌，指的是嫁接繁殖或易生根蘖的树木。观花植物中，桂花、月季和榆叶梅在栽培养护过程中需要频繁除萌，目的是避免萌蘖长大后扰乱树形和消耗养分；蜡梅的根盘一般会萌发很多萌蘖条，除萌时应根据树形来决定适当的保留部分，再及早地去掉其他的，进而保证养分和水分的集中供用。

（5）摘蕾、摘果。摘蕾在园林中得到广泛应用，如对聚花月季往往要摘除主蕾或过密的小蕾，目的是使花期集中，能够开出多而整齐的花朵，突出观赏效果；杂种香水月季由于是单枝开花，因此常将侧蕾摘除，目的是让主蕾得到充足的营养，以便开出美丽而肥硕的花朵；牡丹则通常在花前摘除侧蕾，让营养集中于顶花蕾，不仅花大且色艳。此外，月季每次花后都要剪除残花，由于花是种子植物的生殖器官，如果留下残花令其结实，则植株会为了完成它最后的发育阶段，将全部的生命活力都集中在养育果实上，而这个全过程一旦完成，月季的生长和发育都会缓慢下来，开花的能力也会衰退，甚至停止开花。摘果也经常应用于园林中，如丁香花若是作为观花植物应用时，在开花后应进行摘果，若是不进行摘果，因为其很强的结实能力，在果实成熟后，会有褐色的蒴果挂满树枝，非常不美观。

（6）摘叶。通过摘叶可以改善树冠内的通风透光条件。

（7）疏花。疏花指的是将树木的部分花朵去掉的修剪方法。对于当年形成花芽当年开花的花灌木，通常可在花后对着生残花的枝条进行剪梢，连同残花一起剪去，进而刺激发出新的枝条再次成花开花。

（8）疏果。疏果指的是将园林树木的果实摘去一部分的修剪方法。疏果的对象一般是树上生长不良的小果、病虫果或过多的果实。对于观果树木，摘去树木的部分果实能让剩下的果实得到更为充足的营养供应，生长发育更好，果实的个头更大，颜色更加鲜艳，表现出良好的观赏效果。同时，摘除部分果实也使树木的树体生长得到更多的营养供应，从而调节树木生殖生长与营养生长之间的平衡。

第二节　常见的园林观赏苗木的艺术造型

一、园林观赏苗木的艺术造型

采用修剪、盘扎等措施，使园林苗木育成预期优美的形状。经过造型的苗木，称为造型苗。园林中恰当地应用造型苗木，可收到良好的艺术效果。

1. 发展概况

树木造型在欧洲起始于古罗马时代。1世纪时在私人别墅的规则式庭园中已出现修剪成几何型的树木。16世纪初，树木造型技艺在欧洲园林中广泛应用，法国凡尔赛宫园林中就了大量的造型树。18世纪50年代以后，随着人们对规则式庭园兴趣的减弱，造型树也逐渐减少。在美国，则把集中栽植造型树的园林局部称为意大利园或罗马园。日本庭园中的树木造型出现于17世纪初，迄今应用仍较广泛。树木造型在中国也有悠久的历史。北魏时期就有栽种榆、柳作篱并编扎成房屋或龙、蛇、鸟兽形状的记载。

2. 园林观赏苗木的造型类型与作用

根据造型树形状的不同，树木造型可分成 4 类。

（1）规整式。将树木修剪成球形、伞形、方形、螺旋体、圆锥体等规整的几何形体。多用于规则式园林，给人以整齐的感觉。适于这类造型的树木要求枝叶茂密、萌芽力强、耐修剪或易于编扎，如圆柏、红豆杉、黄杨、枳、五角枫等。

（2）篱垣式。通过修剪或编扎等手段使列植的树木形成高矮、形状不同的篱垣。常见的绿篱、树墙均属此类。树篱在园林中常植于建筑、草坪、喷泉、雕塑等周围，起分隔景区或背景的作用。这类造型一般需要枝叶茂密、耐修剪、生长偏慢的树种。

（3）仿建筑、鸟兽式。即将树木外形修剪或绑缚、盘扎成亭、台、楼、阁等建筑形式或各种鸟兽姿态，适于规整式造型的树种，一般也适于本类造型。

（4）桩景式。它是应用缩微手法，典型再现古木奇树神韵的园林艺术品。多用于露地园林重要景点或花台。大型树桩即属此类。适于这类造型的树种要求树干低矮苍劲拙朴，如罗汉松、金橘、贴梗海棠等。

二、园林观赏苗木造型的应用

园林植物艺术造型千姿百态，应用形式层出不穷，主要用于城市高档园林绿化工程、别墅、庭院等，满足人们不同的审美需求。国内首家大型紫薇主题公园（邵阳双龙紫薇园），对紫薇造型树在园林绿化中进行了具体应用，以紫薇编织而成 2 条巨龙造型。河南淮阳太昊陵公园（又名独秀园）是全国唯一以松柏造型艺术为特色而建成的剪枝公园。由此可见，园林景观因造型树木而出众，必将成为现代城市园林景观的重要组成部分。

三、我国园林植物艺术造型的发展

虽然园林木本植物艺术造型在我国很早就得到了应用，但是与日本及很多欧洲发达国家相比，我国园林木本植物艺术造型研究、开发与应用尚处于起步阶段，造型技艺还不够成熟。因此，园林工作者应高度重视园林苗木艺术造型，加强造型树种筛选、新优品种引进、造型技艺创新、造型效果评价与产业化示范推广，缩短与发达国家的差距。前人已经在园林植物艺术造型方面做出了一定的成绩，积累了不少经验，后人应吸取精华，加强造型技艺学习，拓宽研究思路，在实践中反复揣摩，有计划、有目的塑造较为复杂、新颖的植物造型，如动物造型、建筑式造型和人物造型，争取创造出更多的园林艺术精品，促使园林绿化从传统的粗放型配置向精细化转变。

目前园林艺术造型树木多数为绿色植物，种类较少，色彩配置也较为单一。彩色造型苗木多姿多彩，美不胜收，能够让人们直接感受到色彩与形态的双重美感，有助于提升城市的美观度和文化内涵，势必会成为园林苗木行业的亮点，推动我国园林绿化事业向色彩丰富化、形态多样化、风格多元化的方向蓬勃发展。园林植物艺术造型是一门科学性和艺术性相结合的边缘学科，融园艺学、文学、美学、雕塑、建筑学等多学科为一体。在园艺发达的日本，有很多栽培造型树的成熟企业，但目前国内真正做树木艺术造型的企业很少，技术力量还相对薄弱，具有丰富实践经验的技术人员更是凤毛麟角。因此人才储备尤为重要，特别是具有 3~5 年实践经验的高素质技能型人才。园林艺术造型苗木培育需要一定的技术功底和较长的时间，是绿化苗木中较为特殊的高端特色苗木产品，更注重造型水平和艺术价值，附加值远远高于普通绿化苗木，极具开发价值，具有广阔的市场前景。发展园林艺术造型苗木能够促进苗木业转型升级，有益于创建出富有艺术特色、风格迥异的景观效果，增加城市园林绿化的趣味性。

第八章　园林观赏苗木的养护管理

随着生活水平的日益提高，人们对生活环境的要求也越来越高。环境美化、绿化已成为城镇基础设施建设的重要组成部分，投入也在不断加大。切实做好园林绿化养护工作已成为绿化工作的当务之急。

一、园林绿化苗木养护管理的重要性

在城市建设中，园林绿化是必不可少的组成部分。所以，在施工的过程中，施工人员深刻领会设计人员的设计意图，严格进行绿化施工，极尽可能地达到设计的预期效果。但这还远远不够，如果种植前后不注重养护，种植苗木就有可能枯萎死亡，那么前面的绿化工程就前功尽弃了，设计者的意图和园林景观更无从谈起。要想达到园林绿化工程的理想效果，必须自始至终重视园林绿化苗木的养护和管理。只有精心养护，有效管理，才能保持绿化成果，以此充分体现绿化的生态价值、景观价值、人文价值。

二、园林绿化苗木养护的主要环节

苗木养护应贯穿园林绿化施工的全过程。要想保证苗木种植的成活率，使其达到预想的绿化效果，必须设法保证移栽树木的水分平衡，在树木起挖、运输、种植过程中减少根系受伤、减少树冠失水，也可采取适当的遮阳措施，进行叶面喷洒，以减少水分蒸发对树木造成的伤害，同时对树冠进行必要的修剪。种植后要浇透定植水，以保证树木根系与泥土的紧密接触，以利于根系的恢复。

三、园林绿化苗木的养护措施

1. 草地的养护管理

草地养护原则是：均匀一致，纯净无杂，四季常绿。养护共分 4 个阶段。

（1）恢复长满阶段的管理。按设计和工艺要求，新植草地的地床，要严格清除杂草种子和草根草茎，并填上纯净客土刮平压实10 cm以上才能贴草皮。贴草皮有2种：一是全贴，二是稀贴。草皮在养护管理上，重在水、肥的管理，春贴防渍，夏贴防晒，秋冬贴草要防风保湿。

（2）旺长阶段的管理。草地植后第2年至第5年是旺盛生长阶段，观赏草地以绿化为主，所以重在保绿。水分管理，翻开草茎，客土干而不白，湿而不渍，一年中春夏干，秋冬湿为原则。旺长季节，要控肥控水控制长速，否则剪草次数增加，养护成本增大。剪草技术要求：一是草高最佳观赏为6~10 cm，超过10 cm即可修剪；二是剪草机的草刀要锋利无缺损，以免损坏草皮；三是剪草操作时，要调整刀具，匀速推进，不漏剪；四是剪后及时清净草叶，并保湿追肥。

（3）缓长阶段的管理。植后6~10年的草地，生长速度有所下降，枯叶枯茎逐年增多，在高温多湿的季节易发生根腐病，秋冬易受地志虎（剃枝虫）为害。工作重点，注意防治病虫害。要及时检查虫害，早发现，早灭除，同时要加强修剪和肥水管理。

（4）退化阶段的管理。植后10年的草地开始逐年退化，植后15年严重退化。这一阶段的水分管理要干湿交替，严禁渍水，否则加剧烂根枯死。加强病虫害的检查防治，做好施肥管理，同时还要对局部完全枯死处进行全贴补植。对于杂草，需及时挖除。期间需全面加强管理，才能有效延缓草地的退化。

2. 绿化树木的管理

园林绿化中，一般来讲，树木种植面积并不是很大，但其所占的绿化空间最大，草地、鲜花、灌木、乔木合理搭配，体现了立体绿化的效果。

（1）绿化树木肥水管理。施肥的方法：小树结合松土施液肥，大树在冠幅地面均匀穴干施，3年以上的高大的乔木原则上可不施肥。水分管理：重在幼树，原则是保湿不渍，表土干而不硬。灌木矮小，根系短浅，盆栽地栽都要防旱保湿不渍，才能正常生长。

（2）绿化树型的剪修。绿化树木，通过艺术设计，认真管理，使之有稀有密，有型有款，错落有致，是绿化成功的关键之一。成年大树及时锯掉不规则的树枝、旁枝，否则，遇大风雨会折断树干，严重时连根拔起造成损失。灌木要求整齐，有形、有序。可修剪成圆球形、方形、扇形、蘑菇形、抽象图案、线条、树桩等造型。

（3）绿化树木的病虫防治。绿化树木主要的害虫有天牛、木虱、潜叶蛾、介壳虫、金龟子等。近年来在乔木灌木中木虱为害较严重，其次是介壳虫，采用常规杀虫剂、速扑杀、介特灵等均能达到防治效果。常用的防治方法有：喷粉法、喷雾法、喷雾法、熏蒸法、毒草饵等。

四、园林绿化苗木的管养标准

1. 乔木管养的标准

生长旺盛，枝叶健壮，树形优美，行道树下缘线整齐，修剪适度，干直冠美，无死树缺株，无枯枝残叶，景观效果优良。具体内容如下。

（1）生长势强，生长量超过该树种该规格平均年生长量；枝叶健壮，枝条粗壮，叶色浓绿，无枯枝残叶。

（2）修剪。乔木修剪主要修除徒长枝、病虫枝、交叉枝、下垂枝及枯枝死枝。

（3）灌溉、施肥要求每季度施有机肥料 2 次，采用穴施及喷洒、水肥等，然后用土覆盖，淋水透彻，水渗透深度 10 cm 以上，无须造型修剪的树木，及时剪除黄枝、病虫枝、荫蔽徒长枝及阻碍车辆通行的下垂枝，及时清理干净修剪物。并要求在每年的春季和秋季，按每季度重点施肥 4~5 次。在 11 月和 12 月及时浇好越冬防冻水，做好防风设施的准备和养护。

（4）及时做好病虫害的防治工作，以防为主，精心管养，使植物增强抗病虫害能力，经常检查，早发现早治理。

（5）积雪冬季及时清除枝条积雪，无积雪压弯、压伤、压折枝条的现象。

2. 灌木、绿篱、草坪养护

灌木、绿篱、草坪养护标准：植物生长旺盛、枝叶健壮、色泽正常，修剪适度整齐，干直冠美，无死苗缺株，无枯枝残叶，景观效果优良。草坪内无杂草。具体内容如下。

（1）松土、锄草、来年开春后全面平整。对滋生性强的各类杂草，一经发现，立即根除。

（2）修剪、整形苗木修剪、整形的主要目的是保证苗木正常生长和提高观赏性。灌木修剪以保留自然树形为主；绿篱、球形植物主要是整形修剪。修剪一般在秋季苗木进入休眠期时进行，整形则主要在春季苗木萌发前进行。草坪的留茬高度一般控制在 10~15 cm。

（3）施肥、浇水对灌木也可追施叶面肥。每季度施肥 2 次，每亩施尿素混复合肥 20 kg，采用撒施及水肥等，水渗透深度为 10 cm 以上。在 11 月和 12 月及时浇好越冬防冻水，做好防风设施的准备和养护。

（4）病虫害防治。一旦出现病虫害症状，立即对症下药，严防病虫害蔓延。

第九章　园林观赏苗木的病虫草害防治技术

第一节　园林观赏苗木的病虫害及防治

　　园林观赏植物病虫害一旦暴发，具有范围广、破坏性大和难以控制的特点，很多病虫害一旦传播蔓延，会对森林植被造成很大破坏。特别是各国林业部门广泛交流后，一些外国病虫害的引入，破坏了我国观赏植物的生态平衡，加重了病虫害威胁。究其原因，这些病虫没有相应的天敌。一些危险的病虫害对于观赏植物的危害很大，如美国白蛾、松树毛虫以及松针斑等。这些灾害在我国林业地区造成了很大破坏，严重威胁我国林业工作的开展。过去的病虫防治，我国普遍采取药物防控，没有做到提前预防，事后治疗效果不明显。此外，药物防控对病虫防治具有局限性，一方面会使虫害对药物产生免疫作用，另一方面防治成本高。药物防控对环境和土壤的威胁大，会对周边环境造成污染，如果使用不当，还会严重破坏周边的生态平衡。在这种情况下，仅仅依靠药物防控已经很难满足实际需求。在可持续发展战略要求下，对病虫害的防治工作提出了新要求，要求在保护环境、维持生态平衡的基础上减少病虫害的发生。这需要各方面统筹兼顾，最好的措施是"预防为主、综合防治"。

一、园林观赏苗木的病虫害及其特点

1. 园林观赏苗木病虫害概述

　　园林观赏苗木病虫害包括病害和虫害 2 种。病害是植物生长发育或储藏运输过程中，由于受到有害生物的侵袭或不良环境条件的影响，其正常的生理活动受到干扰和破坏，表现出各种病态甚至死亡。虫害是指有害昆虫吸食植物叶片、枝干等营养，造成植物生长不良，树势减弱，引起各种病害，最终导致死亡。两者都造成经济、景观和生态上的损失，因此必须引起重视。

2. 园林观赏苗木病虫害的特点

园林植物大体上可以分为两大类群：一是城镇露地栽培的各种乔木、灌木、藤本植物、地被植物、草坪等；二是以保护地（日光温室或各种塑料拱棚）形式栽培的各种盆花及鲜切花。其园林植物病虫害的特点如下。

（1）人的活动多，植物品种丰富，生长周期长，立地条件复杂，小环境、小气候多样化，生态系统中一些生物群落关系常被打乱。

（2）品种单一，种植密集，大多数位于保护地内栽培，环境湿度大，某些害虫易发生，防治难度大。

（3）花卉业是近几年新兴起的一种产业，广大花农普遍缺乏花卉栽培的一般常识，管理不到位，导致害虫的发生。

（4）城镇郊区与蔬菜、果树、农作物相连接，除了园林植物本身特有的病虫害外，还有许多来自蔬菜、果树、农作物上的病虫害，有的长期"落户"，有的则互相转主为害或越夏越冬，因而病虫害种类多，为害严重。

二、园林观赏苗木常见病害症状及为害

1. 园林观赏苗木常见病害

由病菌、真菌、细菌等造成的病害，使观赏植物的生理机能、组织形态发生一系列变化，植物变色、畸形、腐烂，甚至全株枯萎死亡。观赏植物受侵染后所表现出来的各种症状，就是植物的病害。观赏植物常见的病害主要有以下6种。

白粉病：是观赏植物普遍的病害，主要为害叶片、叶柄、嫩茎、芽及花瓣等幼嫩部位，轻的布满白粉状物影响外观，严重的还会导致植物、花木的死亡。

疫病：是土壤性传播病害，由疫霉属真菌引起，高湿是影响病害发生和传播的主要因素。疫病会引起植物花、果、叶部组织的快速坏死和腐烂。

锈病：这类疾病主要是由锈菌引发，较为常见的观赏植物病虫害症状，严重影响植物的生长，主要为害植物的叶片，引起叶枯及叶片早落。

霜霉病类：霜霉病发生在园林植物中，绝大多数都发生在草本植物上，是由霜霉病是由真菌中的霜霉菌引起的植物病害，受害植物常产生一层霜白色霉层。

灰霉病：又称叶霉病，是在潮湿条件下产生灰色霉层，是一种常见的易发的真菌病害。主要为害叶、茎、花和果实，受害植物发病部位出现各种颜色的粉状物。

炭疽病类：是真菌病害，是植物上最常见的一类病害，特征是病斑处有粉红色黏状物，主要为害植株的嫩叶，严重时整个叶片死亡。

2. 园林观赏苗木常见病害症状及为害

（1）枝叶病害。真菌是枝叶病害中最主要的病原菌。侵染枝叶的许多病原菌也常侵染花器、幼果等。枝叶病害的症状类型很多，主要有白粉病、锈病、煤污病、叶斑病、变色型、叶畸形等。譬如：叶斑病类主要是由真菌门中半知菌亚门、子囊菌亚门的一些真菌，以及线虫、细菌等病原物所致。主要是叶组织受局部侵染，导致各种形状的斑点病的总称。叶斑病种类很多，可因病斑的色泽、形状、大小、质地、有无轮纹的形成等因素，又分为黑斑病、褐斑病、圆斑病、角斑病、斑枯病、轮斑病等种类。叶斑上往往着生各种点粒或霉层，普遍降低园林植物的观赏性，有些还会给园林植物造成巨大的损失。

（2）茎干病害。引起茎干病害的病原，包括了生物性病原和非生物病原等各种因素。如真菌、细菌、类菌质体、寄生性种子植物、茎线虫等生物病原都能为害花木的茎干，其中以真菌病害为主。茎干病害的症状类型主要有：腐烂、溃疡、枝枯、肿瘤、丛枝、带化、萎蔫、立木腐朽、流胶流脂等。不同症状类型的茎干病害，发展严重时，最终都能导致茎干的枯萎死亡。

（3）根部病类。根部的症状类型可分为根部、根颈部皮层腐烂，并产生特征性的白色菌丝体、菌核、菌索；根部或干基部腐朽并可见有大型籽实体等。根病的发生，在植物的地上部分也可以反映出来，如叶片发黄、放叶迟缓、叶形变小、提早落叶、植株矮化等。引起根病的病原可分为非侵染性的和侵染性的。根部诊断有时很困难，根病发生的初期不易发现，待地上部分出现明显症状时，病害已进入晚期。一般是以幼苗猝倒和立枯病为害较重。

三、园林观赏苗木常见虫害及症状

危害园林观赏植物最为常见的虫害有2类。一是食叶害虫，指以咀嚼式口器为害叶片的害虫，受害植物严重时，还会造成局部或者全株死亡。常见的主要有鳞翅目的刺蛾、袋蛾、卷蛾、枯叶蛾、斑蛾、蝶类螟蛾等幼虫，鞘翅目的植食性瓢虫的成虫，金龟甲、芫菁的成虫，膜翅目的叶蜂的幼虫，直翅目的蝗虫的成虫、若虫等。另一种常见的虫害是地下害虫，指在土中生活为害植物根部，主茎及其他部位的害虫，由于它们分布广，为害隐蔽，会造成观赏植物严重伤害。主要有蝼蛄类、金龟子类、金针虫类、地老虎类、种蝇类等。

1. 刺蛾类

刺蛾类是园林植物的一大重要害虫，该虫食叶树种较杂。为害严重时，将会食光全部叶片，使冬芽形成受到影响。

2. 蛀干害虫

蛀干类害虫，如天牛、木囊蛾等幼虫为害很大。有的天牛以成虫出现，但大部分以幼虫在树木的韧皮部和木质部钻蛀为害，并排泄粪屑，位于韧皮部的幼虫为害期可持续至11月上中旬，位于木质部的幼虫为害期可持续至11月下旬。木囊蛾的幼虫有的下树化蛹或在树内越冬。

3. 介壳虫

介壳虫又称蚧虫，属于同翅目蚧总科园林害虫。它除了刺吸取食寄主植物造成直接危害外，还排泄蜜露，诱发植物煤污病，造成植物长势衰弱、落花落果、枝长干枯或整株死亡。

4. 食叶害虫

该类害虫将枝条或叶片食光后，分散取食，食叶后影响冬芽的形成和隐芽的再次萌发。主要的食叶害虫有杨扇舟蛾、角斑古毒蛾、臭椿皮蛾、花椒凤蝶、棉大卷叶蛾、小蓑蛾、葡萄虎蛾、葡萄天蛾、柳蓝叶甲、檐蚕蛾、尺镬、美国白蛾等。

5. 椿象类

椿象类害虫属半翅目，成虫和若虫均以刺吸园林植物的叶片为害，使植物叶片失绿、植株矮缩等。椿象类虫一般是以成虫越冬，到了秋天，它们大部开始寻找隐蔽的地方准备越冬，若防治不及时，为害严重时会导致煤污病的发生。

四、园林观赏苗木病虫害的防治

园林植物病虫害防治指导方针是"预防为主，综合治理"。其基本原理概括起来为"以综合治理为核心，实现对园林植物病虫害的可持续控制"。

1. 园林观赏苗木综合治理遵守的原则

（1）安全、经济、简易及有效。这是在确定综合治理方案时首先要考虑的问题，特别是安全问题，包括对植物、天敌、人畜等，不致发生药害和中毒事故。不管采用什么措施，都要考虑既节省资金，又简便易行，并且要有良好的防治效果。

（2）协调措施，减少矛盾。化学防治常常会杀伤天敌，这就要求化学防治与生物防治相结合，尽量减少两者之间的矛盾。在使用化学药剂时，要考虑到对天敌的影响，选择对天敌无害或毒害较小的药剂，通过改变施药的时间和方法，使化学防治与生物防治有机地结合起来，达到既防治害虫，又保护天敌的目的。

（3）相辅相成，取长补短。各种防治措施各有长短，综合治理就是要使各种措施相互配合，取长补短，而不是简单的"大混合"。化学防治具有见效快、效果好、工效高的优点，但药效往往仅限于一时，不能长期控制害虫，且使用不当时，容易使病菌及害虫产生抗性、杀伤天敌、污染环境；园林技术措施防治虽有预防作用和长效性，不需额外投资，但对已发生的害虫则无能为力；生物防治虽有诸多优点，但当害虫暴发成灾时，也未必能见效。因此，各种措施都不是万能的，必须有机结合起来。

（4）力求兼治，化繁为简。自然情况下，各种害虫往往混合发生，如果逐个防治，浪费工时，因而在化学防治时应全面考虑，适当进行药剂搭配，选择合适的时机，力求达到一次用药兼治几种害虫的目的。

（5）要有全局观念。综合治理要从园林的全局出发，要考虑生态环境，以预防为主。

（6）植物检疫。植物检疫是防治病虫害的基本措施之一，也是贯彻"预防为主，综合治理"方针的有力保证。

2. 园林观赏苗木病虫害防治的技术措施

（1）清洁园圃。及时收集园圃中的病虫害残体、草坪的枯草层，并加以处理，深埋或烧毁。生长季要及时摘除有病虫枝叶，清除因害虫或其他原因致死的植株。园艺操作过程中应避免人为传染，如在切花、摘心、除草时要防止工具和人体对微小害虫的传带。温室中带有病虫害的土壤、盆钵在未处理前不可继续使用。无土栽培时，被污染的营养液要及时清除，不得继续使用。

（2）合理轮作、间作。每种害虫对树木、花草都有一定的选择性和转移性，因而在进行花卉生产及苗圃育苗时，要考虑到寄主植物与害虫的食性，尽量避免相同食料及相同寄主范围的园林植物混栽或间作。如黑松、油松、马尾松等混栽将导致日本松干蚧严重发生；槐树与苜蓿为邻将为槐蚜提供转主寄主，导致槐树严重受害；桃、梅等与梨相距太近，有利于梨小食心虫的大量发生；多种花卉的混栽，会加重病毒病的发生。

（3）加强园林管护。

①加强肥水管理：观赏植物应使用充分腐熟且无异味的有机肥，以免污

染环境，影响观赏。使用无机肥时要注意氮、磷、钾等营养成分的配合，浇水方式、浇水量、浇水时间等都影响害虫的发生。

②改善环境条件：主要是指调节栽培场所的温度和湿度，尤其是温室栽培植物，要经常通风换气，降低湿度，以减轻某些害虫的发生。种植密度、盆花摆放密度要适宜，以利通风透光。冬季温室的温度要适宜，不要忽冷忽热。草坪的修剪高度、次数、时间也要合理，否则，也会加剧害虫的发生。

③合理修剪：合理修剪、整枝不仅可以增强树势、花叶并茂，还可以减少害虫为害。例如，对天牛、透翅蛾等钻蛀性害虫以及袋蛾、刺蛾等食叶害虫，均可采用修剪虫枝等进行防治；对于介壳虫、粉虱等害虫，则通过修剪、整枝达到通风透光的目的，从而抑制此类害虫的为害。对于园圃修剪下来的枝条，应及时清除。草坪的修剪高度、次数和时间也要合理。

④中耕除草：中耕除草不仅可以保持地力，减少土壤水分的蒸发，促进花木健壮生长，提高抗逆能力，还可以清除许多害虫的发源地及潜伏场所。如扁刺蛾、黄杨尺蛾、草履蚧等害虫的幼虫、蛹或卵生活在浅土层中，通过中耕，可使其暴露于土表，便于杀死。

⑤翻土培土：结合深耕施肥，可将表土或落叶层中越冬的害虫深翻入土。公园、绿地、苗圃等场所在冬季暂无花卉生长，最好深翻1次，这样便可将越冬的害虫暴露于地表，减少翌年害虫发生。对于公园树坛翻耕时，要特别注意树冠下面和根颈附近的土层，让覆土达到一定的厚度，使得害虫无法孵化或羽化。

⑥球茎等器官的收获及收后的管理：许多花卉是以球茎、鳞茎等器官越冬的，为了保障这些器官的健康储藏，在收获前应避免大量浇水，以防含水过多造成储藏腐烂；要在晴天收获，挖掘过程中要尽量减少伤口；挖出后要仔细检查，剔除有伤口、害虫及腐烂的器官，必要时进行消毒和保鲜处理后入窖。储窖预先清扫消毒，通气晾晒。储藏期间要控制好温湿度，窖温一般在5 ℃左右，空气相对湿度宜在70 %以下。有条件时，最好单个装入尼龙网袋，悬挂于窖顶储藏。

（4）选育抗病虫品种。

①培育抗病虫害品种。培育抗病虫害品种是预防病虫害的重要一环。目前已培育出柳树抗天牛的新品种——金柳。我国园林植物资源丰富，为抗病虫害品种的选育提供了大量的种质。培育抗病虫害品种的方法有常规育种、辐射育种、化学诱变、单倍体育种等；随着转基因技术的不断发展，将抗害虫基因导入园林植物体内，获得大量理想化的抗性品种已逐步变为现实。

②繁育健壮种苗。园林上有许多病虫害是依靠种子、苗木及其他无性繁殖材料来传播的，因而培育无病虫害的健壮种苗，可有效地控制病虫害的发生。应选取土壤疏松、排水良好、通风透光及无害虫为害的场所为育苗苗圃。盆播育苗时应注意盆钵、基质的消毒。如菊花、香石竹等扦插育苗时，对基质及时进行消毒或更换新鲜基质，可大大提高育苗的成活率，并能培育出健壮苗木。

（5）物理机械防治。

①捕杀法。利用人工或各种简单的器械捕捉或直接消灭害虫的方法称捕杀法。人工捕杀适合具有假死性、群集性或其他目标明显易于捕捉的害虫，如多数金龟甲、象甲的成虫具有假死性，可在清晨或傍晚将其震落杀死。榆蓝叶甲的幼虫老熟时群集于树皮缝、树疤或枝杈下方化蛹，此时可人工捕杀。冬季修剪时，剪去黄刺蛾茧、蓑蛾袋囊，刮除舞毒蛾卵块等。在生长季节也可结合园圃日常管理，人工捏杀卷叶蛾虫苞、摘除虫卵、捕捉天牛成虫等。

②诱杀法。利用害虫的趋性，人为设置器械或饵物来诱杀害虫的方法称为诱杀法。利用此法还可以预测害虫的发生动态。诱杀的方法有：灯光诱杀、食物诱杀、潜所诱杀、色板诱杀等。

③阻隔法。人为设置各种障碍，以切断害虫的侵害途径，这种方法称为阻隔法，也叫障碍物法。其方法有：涂毒环、涂胶环、挖障碍沟、设障碍物、纱网阻隔等。此外，植物周围种植高秆且害虫喜食的植物，可以阻隔外来迁飞性害虫的为害；土表覆盖银灰色薄膜，可使有翅蚜远远躲避，从而保护园林植物免受蚜虫的为害并减少蚜虫传毒的机会。

④净选法。利用健全种子与被害种子体形大小、相对密度上的差异进行器械或液相分离，剔除带有害虫的种子。常用手选、筛选、盐水选等。如带有害虫的苗木，有的用肉眼便能识别，尤其是带有检疫对象的材料，一定要彻底检查，将害虫拒之门外。特殊情况时，应彻底消毒，并隔离种植。

⑤温度处理。任何生物，包括植物病原物、害虫对温度有一定的忍耐性，超过限度生物就会死亡。害虫对高温的忍受力都较差，因此通过提高温度来杀死害虫的方法称温度处理法，简称热处理。在园林植物害虫的防治中，热处理有干热和湿热 2 种。

（6）生物防治。生物防治的特点是对人、畜、植物安全，害虫不产生抗性，天敌来源广，并且有长期抑制作用；但往往局限于某一虫期，作用慢，成本高，人工培养及使用技术要求比较严格。必须与其他防治措施相结合，才能充分发挥其应有的作用。生物防治可分为：以虫治虫、以菌治虫、以鸟治虫、以蛛螨类治虫、以激素治虫等。

（7）化学防治。化学防治是指利用化学药剂来防治害虫、杂草等有害生物的方法。具有快速高效，使用方法简单，不受地域限制，便于大面积机械化操作等优点。缺点是容易引起人畜中毒，污染环境，杀伤天敌，引起次要害虫再猖獗，长期使用同种农药会有抗药性等。应发展选择性强、高效、低毒、低残留的农药及改变施药方式、减少用药次数，并与其他方法结合使用。

第二节　园林观赏苗木的杂草及防治

杂草是指非人类有目的栽培的植物，也就是说除有意识栽培以外的所有植物都是杂草。比如苗圃地里的马唐、狗尾草和马齿苋等野生植物是杂草，可以把杂草形象地定义为"长错地方的植物"。杂草并非科学名词，而是历史名词。这个靠经验产生的名词，包含着人类对杂草的诸多主观意识。现代园林建设与苗圃建设中，杂草的防除看起来简单却是一项具体而繁杂的工作，对园林植物生长的好坏及整体设计效果的实现有着至关重要的影响，如没有正确处理好杂草与树木的关系，随着时间的推移，栽培植物的长势会越来越差，景观效果也随之降低。苗圃是育苗的场地，一般建设在土壤肥沃、水源充沛和阳光充足的区域，这些因素为适应性广、抗性强的杂草提供了得天独厚的生存条件，如没有人工的干预，杂草将危及整个苗木的正常生长。

一、主要杂草及分类

（一）主要杂草
据统计，全球经定名的植物 30 余万种，认定为杂草的植物约 8 000 余种；在中国可查出的植物名称有 36 000 种以上，认定为杂草的植物有 119 科 1 200 种以上。分布前 10 科的是：菊科 47 种，唇形科 28 种，豆科和蓼科 27 种，十字花科 25 种，藜科和玄参科 18 种，莎草科 16 种，毛茛科 15 种和石竹科 14 种。

（二）杂草分类
1. 按其生长周期分类

（1）一年生杂草。在 1 个生长季内完成其生活史的杂草。即从播种到开花、结实、枯死均在 1 个生长季内完成。一般春天萌芽，夏天开花结实，然后枯死。如扛板归、马唐和龙葵。

（2）二年生杂草。在2个生长季内完成其生活史的杂草。一般当年只生长营养器官，越年后开花、结实、死亡。一般在秋天萌芽，翌年春天开花结实，然后死亡。如泥胡菜、雀舌草和益母草等。

（3）多年生杂草。个体寿命超过2年，一次栽植能多次开花、结实。第1年主要进行营养生长，以地下器官越冬。营养器官发达，大多数以营养器官繁殖。如李氏禾、鱼腥草和接骨草等。

2. 按子叶数分类

按子叶数类型可分为单子叶杂草和双子叶杂草。种子萌发出土后，露出地表的叶片数，在正常状态下，单子叶为单叶，双子叶为双叶。

二、杂草发生特点

1. 结实量大

杂草具有多实型、连续结实性和落粒性的特点。产生的种子数量通常是其他植物的几十倍、数百倍甚至更多，数量巨大。经统计，1株马唐可结5 000粒种子。

2. 种子的成熟和出苗时期不一致

杂草种子的成熟期比较早，成熟期也不一致，通常是边开花、边结实、边成熟，随成熟随脱落，1年可繁殖数代。如一年蓬每年4月下旬至5月初开花，5月下旬果实成熟，一直到11月仍能开花结实。大部分杂草出苗不整齐，如荠菜、藜等除冷热季节外，其他季节均可出苗开花。马唐、一年蓬和龙葵等4—8月均可出苗生长，危害严重。

3. 多种繁殖方式

杂草繁殖方式主要为种子繁殖和营养繁殖。一年生杂草可大量种子繁殖。一些多年生杂草，不但可以产生种子，而且还可以通过根、茎（根状茎、块根、球茎、鳞茎）等器官进行营养繁殖，如刺儿菜和白茅是根茎繁殖等。

4. 强大的生命力

杂草有很强的生态适应性和抗逆性，对旱涝、冷热害、盐碱和贫瘠等具有比栽培植物更强的忍耐力。如马唐种子能成活10年以上；稗草种子被动物食用并排出后，具备必要条件后仍可萌发。

5. 广泛的传播方式

杂草可通过风、流水和动物等多种途径传播。刺儿菜、蒲公英和苣荬菜的种子有绒毛和冠，且重量很轻，一旦有足够的风力可将种子传播到很远的距离；野燕麦、双穗雀稗的种子可随水流传播等。

三、杂草的为害

1. 严重影响栽培植物的生长

马唐、双穗雀稗和白茅等禾本科杂草在雨季或水分多的情况下生长速度非常快，占据了生长空间，导致其他栽培植物由于生存空间不足、光照不足，而出现植物矮小、细弱，最后生长不良甚至枯亡。

2. 争夺植物生长的水分和养分

绝大部分杂草都属于本地植物，具有生命力顽强、生长迅速和根系发达的特点，很容易和其他栽培植物形成竞争，吸收大量的水分和营养物质，导致栽培植物因水肥缺乏而严重生长不良甚至死亡。

3. 病虫害滋生的场所

杂草的数量多、密度大，容易形成高郁闭度、不透风和高温高湿等有利于病虫害滋生而不利于栽培植物生长的环境，同时为很多病虫越冬和繁殖提供安全舒适的场所。例如，苦苣菜为地老虎和棉蚜提供生存条件；蒲公英为苹果叶蝉提供生存条件等。

4. 降低产量和质量

在苗圃的生产过程中杂草的为害严重影响苗木的质量和产量。在园林绿地中，一旦杂草泛滥，将严重影响绿地的景观效果，并大大增加后期的维护成本。

四、杂草的防治方法

1. 物理防治法

（1）中耕除草。中耕除草是传统的除草方法，通过人工中耕和机械中耕及时防除杂草。中耕除草针对性强，干净彻底，技术简单，不但可以防除杂草，而且给作物提供了良好生长条件。在除草时要掌握"除早、除小、除了"的原则，"宁除草芽，勿除草爷"，即要求把杂草消灭在萌芽时期。

（2）覆盖物除草。利用水、光和热等物理因子除草。用深色塑料薄膜或其他覆盖物遮盖土表遮光，以提高温度除草等。

（3）人工拔除。人工拔除包括手工拔草和使用简单农具除草。耗力多、工效低，不能大面积及时防除。只能在草龄较小、分布面积不大、密度较小和数量较少时采用，或者在采用其他措施除草后，作为去除局部残存杂草的辅助手段。值得注意的是，在进行人工除草时应注意方法，在苗间杂草拔除时，要防止苗木被杂草根系带出，拔草后应该及时浇水，以免影响苗木的正常生长。

（4）隔离法。在园林绿化施工过程中，走茎类草坪草严重影响灌木或新栽乔木的生长，如结缕草类、狗牙根类及剪股颖类与地被植物（含草花及灌丛类植物）或新栽植的乔木之间，必须设置标准的隔草沟、隔根板，以保证草坪草的走茎不会影响到周边植物的正常生长。为了保证观赏效果可选择红花酢浆草、美女樱类、鸢尾类和吉祥草类等须根类的地被植物。

2. 化学除草

当杂草分布面积较广、密度较大和数量较多时，为提高效率达到最佳的除草效果，可选择化学除草剂除草，即用除草剂除去杂草而不伤害作物。二年生杂草，在前期可任其生长，一般在4月下旬至5月上旬，结草籽之前一次性清理干净。进入7月，一年生杂草生长旺盛，大部分将开花结籽，也需在结草籽之前一次性清理干净。同时，可根据苗圃的具体情况选择不同方式的除草办法。

化学除草还可以根据实际情况采用选择性除草剂，即根据植物根系的位置、深度和广度等确定除草剂在土壤中的实施深度；在现实生活中很多杂草比目的植物提前出土，利用这一差异，用茎叶处理剂杀死杂草而对晚出土的栽培植物没有影响；不同种类植物之间抗药性的差异等特性而实现选择性除草；同时，环境条件、药量和剂型、施药方法和施药时期等也都对选择性有所影响。在杂草萌芽前使用芽前除草剂：禾耐斯、丁草胺等，可防除一年生禾本科杂草和某些一年生阔叶杂草。杂草后播种前使用灭绝性除草剂：草甘膦、农达等，草甘膦属于内吸型除草剂草是通过茎叶吸收后传导到植物各部位的，可以杀死多年生深根植物的地下根茎，斩草又除根，效果非常好，运用的也非常广泛可防除单子叶和双子叶、一年生和多年生、草本和灌木等40科以上的植物；播种后使用选择性除草剂：单子叶杂草使用盖草能；双子叶杂草使用使它隆、水花生净、2，4-D、二甲四氯。

3. 生态除草

在较大面积范围内创造不利于杂草繁生的生态环境。在园林植物配置时，可利用多年生植物蔓延较快的特点，有效抑制一年生杂草的生长；通过合理密植，可充分利用光能和空间结构，促进植物群体生长优势，从而控制杂草发生数量。

4. 植物检疫

随着国际间的交流越来越频繁，植物检疫应得到重视。最典型的例子是一年蓬，原产北美洲，漂洋过海来到中国，不可能是风力或水流所为，并且最早在港口城市上海被发现，之后迅速扩散至华中、华北、西南和西北地区。现今一年蓬已列为外来入侵物种名单，并加入中国农业有害生物系统，危害之大可想而知。

5. 生物除草

生物除草是指利用杂草的天敌——昆虫、病原菌、动植物等生物来抑制和消灭杂草。其优点是减少环境污染，维持了自然生态平衡，具有广阔的应用前景。

（1）以虫治草。如利用鳞翅目卷蛾科的尖翅小卷蛾取食香附子、碎米莎草等莎草科杂草，从而达到防除杂草的目的。

（2）以菌治草。利用某些病菌对寄主植物的选择性侵染研制出抗生素除草剂，如锈病和白粉病，对难以根除的苦荬菜、田旋花有较强的抑制作用。

（3）物理手段。随着科学技术的发展，电力、微波等物理手段相继应用于杂草防治领域，为杂草防治提供了新的方式和途径。

第十章　宁夏地区园林特色苗木
繁育与栽培技术

第一节　重瓣榆叶梅的繁育与栽培技术

一、重瓣榆叶梅的生物学特性

重瓣榆叶梅系蔷薇目、蔷薇科、梅属植物，是一种灌木花卉树种，是绿化美化城市和城镇不可缺少的优良树种。重瓣榆叶梅的花朵有单瓣和重瓣之分，在育苗生产中，喜好选育花朵大，花瓣重叠，花色艳丽的品种作为培育树种。由于重瓣榆叶梅不易结果，繁育方式主要以扦插和嫁接为主。过去常采用扦插繁殖和低接嫁接繁殖方法，但扦插繁殖的苗木株型低矮，易寿命变短，有时易形成小老树；低接苗木没有高接苗木冠形好看，花丛醒目。采用高位嫁接增加了株高和冠幅，使榆叶梅更具观赏性。

二、重瓣榆叶梅的繁育方法

重瓣榆叶梅的繁育方法有分株、嫁接、压条和扦插等方法，其中以分株和嫁接最为广泛。

（一）分株繁育技术

此法常结合移植进行。分株既可在秋季 10—11 月，也可在早春土壤解冻后枝条芽萌发前进行。新分的植株，应将枝条剪去 1/3～1/2，以便促进萌发健壮的新枝，同时也可减少水分蒸发，平衡调节新株根系吸水和枝叶散水之间的关系，有利于成活。

（二）嫁接繁育技术

1. 砧木及砧木选择要求

毛桃系蔷薇科、桃属植物，用作砧木，具有株型较大，生长势较旺的特点。毛桃核播种培育砧木，翌年春季可采用劈接技术进行高位嫁接，在圃地经过2年左右培育就能达到绿化苗的要求。而采用常规的毛樱桃或单瓣榆叶梅做砧木嫁接，接口亲和力相对较差，易产生劈裂风折。所以最好采用毛桃作为砧木，重点是解决了亲和力的问题，明显提高嫁接成活率和成苗率，育成的苗木冠型圆满，树形较好，增加了商品观赏性。

2. 嫁接方法

毛桃高接所需的砧木要求，砧木高度1.1~1.3 m，直径为0.6~3.0 cm。接口部位较细时易采用劈接，较粗时采用插皮接。劈接最佳适宜时间是4月中旬左右，插皮接是树液流动形成层最活跃期，时间是4月下旬至5月上旬。在树皮离皮期，插皮接效果较好。

（1）劈接。

接穗要求：穗长7~15 cm，粗0.4~0.6 cm，将插口端对称削成1.5~2.0 cm楔形削面，要求光滑扁平。

劈砧：培育中型灌木要求离地面50 cm左右剪砧，培育主干较高的大型灌木大苗，需要在1.2~1.5 m断砧。砧木的剪口要求剪口光滑无毛茬，断砧后用刀具在砧木断面中间向下劈开1个略大于接穗长度的接缝。

插穗扎绑：把接穗垂直插入砧木劈口内，接穗和砧木一侧或两侧的形成层要严格对齐，然后用塑料带从砧木裂口端向上缠绑，使接穗和砧木紧密绑紧。

（2）插皮接。

削接穗：穗长6~7 cm，粗0.4~0.7 cm。用3刀法削穗，先平行削1刀形成扁平面，在平面两侧各削1刀削成扁平三棱形。刀要锋利，削面光滑无毛，平面两侧的削面均匀平整。

砧木处理：用剪子在适当高度剪砧。选砧木粗度匀称光滑无痕的一侧，用剪子大片刀印自砧木上端面向下划开1个纵口，纵口长度要小于2.5 cm，深度达木质部。

嫁接：在砧木的上端面，用接穗的三角形端口的尖楔端，把接穗沿划口始点插入接口处，并轻轻向下推动插穗下行，插到接穗的削面尚留0.2 cm左右削痕处。如果粗度大小合适，在同一个断面根据砧木的粗度大小，可以对称和三角形插接2~3个接穗。

包扎：用2 cm左右的塑料袋把接口扎紧扎严，在砧木切口的裂缝处，从下至上用塑料带缠紧，不留缝隙，最后缠至接穗的削痕处。

3. 接后管理

（1）剪除砧木上所有萌蘖。嫁接后立即贴干平齐剪除砧木上所有细枝和萌蘖，防止与接穗争夺养分和水分，使养分集中供给接穗。

（2）接穗上端面保湿。春季风大，空气相对湿度较低，加之接穗含水量较低，为了防止接穗上端口抽干失水，可用乳胶漆点涂伤口，要求涂匀涂全。

（3）解除绑带，当接穗和砧木伤口完全愈合，解绑不会影响成活率时，及时解除绑带。一般在1月中下旬进行，解除绑带过晚易形成缢痕，影响接穗与砧木的牢固性。

（4）及时支撑，当新梢萌发长到12 cm时，及时将新梢绑缚在杨、柳、榆一年生萌条支柱上。然后把支柱牢固绑缚在砧木上，这对防止风折效果较好。解除绑带应该在秋天，解除过早会因雨季风大，易引起风折危害。

（5）及时除萌，接穗萌发后，应经常观察从砧木上萌生的萌蘖情况，发现萌蘖及时抹除，防止抹除太晚，形成伤痕，引起病虫为害。

（三）压条

应选择二年生的枝条，压条时间2—3月。压条时，应在枝条埋入土中的部位刻伤或环状剥皮，以促使萌生新根。一般压条后1个月即可生出新根，翌年春季另分新株。

三、重瓣榆叶梅的栽培管理技术

（一）栽植

一般在春季土壤解冻后，枝条萌芽前，即2—3月进行栽植。也可在秋季落叶后，土壤封冻前，即11—12月栽植。我国北部地区宜春季栽植，南部地区宜秋季栽植。栽植地应选择光照足、无遮阳、排水良好的高地方。栽植前先在穴内要施足基肥，如腐熟的堆肥、厩肥、饼肥或人粪尿等。穴内基肥上铺一层土，然后进行栽植，切忌根与基肥直接接触。栽后要浇透水，使根系与土壤密切接触。栽植时，要疏除1/4~1/3的枝条，不仅可减少水分蒸发，有利成活，还可为今后植株生长创造良好的营养条件。栽前断根，可促进萌发须根，有利生长。

（二）水肥管理

要使重瓣榆叶梅的花朵开得更大，更鲜艳，除施足基肥外，每年5—6月还应追施1~2次液肥，促进花芽分化。榆叶梅抗旱性强，除干旱时应补充水分外，一般不需浇水。但出现积水时；要及时排水，松土，避免烂根，引起落叶死亡。

（三）整形修剪

要保持地栽重瓣榆叶梅树旺花茂，每年开花后应进行1次整形修剪。修剪时要疏剪和短截相结合。首先疏除树丛中的过密枝、枯死枝、病虫枝、细弱枝，并在丛中稀疏的地方进行短截几个健壮枝，留枝长15 cm，然后把剩余的枝条剪掉1/4。盆栽重瓣榆叶梅在修剪时，应采取人工控制生长势，不能任其任意徒长，以免枝弱花稀。具体方法是：开花后，即从6月起，对枝条进行绑扎、弯曲成形，抑制顶端生长优势。

（四）花期控制

重瓣榆叶梅开花早，色艳妩媚，是很好的一种促培花木。在所有品种中，以鸾枝榆叶梅作为促培材料最好。方法是：在预期要开花的前40 d，将盆栽重瓣榆叶梅移进温室内，使室温逐渐提高到10~15 ℃，经过5~6 d，枝条开始软化，进行绑扎造型。然后再将室温提高到18~20 ℃，并且每天要给枝条喷水。当花蕾开始膨大时，移到阳光充足的地方。如果发现花蕾显色时，应立即降低室温，保持在8~10 ℃，使其慢慢开放。应注意的是，在促培前，重瓣榆叶梅必须经过1个月以上的低温锻炼，千万不可入室过早。

（五）病虫害防治

1. 病害

（1）榆叶梅黑斑病。它又名轮斑病，主要为害叶片。病斑近圆形，有时受叶脉呈不规则形，并可融合成较大斑块。病斑呈褐色，并具深褐色轮纹，上面着生黑褐色霉状物。防治方法：清除浸染源，秋末冬初彻底清除病落叶，集中销毁，以减少翌年初侵染源。药剂防治：发病期间可喷洒50 %多菌灵600倍液，或80 %代森锰锌可湿性粉剂500~700倍液，也可喷洒1 %波尔多液。

（2）根癌病防治方法。加强水肥管理，提高植株的抗病能力，秋末将落叶清理干净，并集中烧毁，春季萌芽前喷洒1次5波美度石硫合剂进行预防，如有发生可用80 %代森锌可湿性颗粒700倍液，或70 %代森锰锌500倍液进行喷雾，每天喷施1次，连续喷3~4次可有效控制病情。

2. 虫害

常见的虫害有：蚜虫、红蜘蛛、刺蛾、介壳虫、叶跳蝉、芳香木蠹蛾、天牛等。如有发生，可用铲蚜1 500倍液杀灭蚜虫；40 %三氯杀螨醇乳油

1 500 倍液杀灭红蜘蛛；用 Bt 乳剂 1 000 倍液喷杀刺蛾；用 2.5 %敌杀死乳油 3 000 倍液杀灭叶跳蝉；杀灭芳香木蠹蛾可用锌硫磷 400 倍液注入虫道后用泥封堵虫孔，以熏杀幼虫，也可采取根部埋施呋喃丹的方法来灭杀；可用绿色威雷 500 倍液来防治天牛。

第二节 暴马丁香的繁育与栽培技术

一、暴马丁香的特性

暴马丁香灌木或小乔木，树高 10~15 m。叶片卵状披针形或卵形，圆锥花序，长达 20~25 cm，花径 10~15 cm，花冠白色或黄白色。蒴果矩圆形，平滑或有疣状突起，辽宁沈阳及周边地区花期为 5 月下旬至 6 月上旬，花期长达 10~12 d。春末夏初花繁叶茂，散发浓郁芳香。喜光也较耐阴、耐寒冷、耐干旱、耐瘠薄。用于城乡绿化，栽植于路旁、庭院、景区，观赏效果极佳，深受人们喜爱。

二、暴马丁香的繁育方法

播种繁苗

1. 蒴果剪采和脱种干藏

9 月蒴果成熟，从基部剪下果穗，摊晒于干净、干燥的水泥地表，勤翻动，果皮干裂，种子自然脱落。切不可剧烈踩踏或用木棍抽击，以防伤种而断折，强光下晾晒 7~10 d，去除果皮和杂物，使其净种，装入沙袋内干燥保存。

2. 播种床的准备

10 月中下旬或翌年 4 月上、中旬，选平坦或较平坦的地块，土壤质地最好是沙壤至中壤，按南北或其他方向，准备宽 0.8~1 m，长 5~20 m，高 8~10 cm 的床。向床面匀撒细碎农家禽、畜厩肥，施入量 4~5 kg/m^2。翻动床面 15~20 cm 深，打碎土块，搂平床面，床面 4 个边缘，修成高 4~5 cm，宽 5~6 cm 的高边埂，使浇水时水不下流。如用拖拉机翻土，可在施农家肥后翻土然后作床。

3. 种子催芽处理

若准备翌年播种，应在 3 月中旬既播种前 20~30 d，将种子用 40~50 ℃的水浸泡，水冷却后再浸水 2~3 d，使种子充分吸水膨胀。将种子与 3~4

倍体积的河沙混匀，装入编织袋内，放于 20~25 ℃ 的场所，等待发芽，这期间应每隔 2~3 d，翻动 1 次种沙，若缺水应补水。当发现种子有 1/4 量见芽时既可准备一次性播种。

4. 播种

播种时期为采种当年的 10 月上中旬或翌年的 4 月中旬前后，秋播不必等待种子发芽，但应浸水 2~3 d 再播种。顺床向或横床向，在床面上开 2~3 cm 深沟，其沟距为 15~20 cm。将混拌的种沙撒入沟内，盖土厚度 1 cm 左右，播种量为 30 g/m²，即播种量为 15~20 kg/亩。

5. 播后管理

（1）覆盖与喷水。播种后向床面覆盖 1~1.5 cm 厚的稻壳或草帘。向覆物上喷水，浸泡床面土壤颗粒 4~5 cm 或更深。覆稻壳有利于保湿，也利于种子发芽出土，也不存在撒覆物的问题，秋播或春播都应在播种后立即覆盖和喷水。冬播的，如冬季雪少和早春干旱无雨，应尽早喷水，否则出苗不齐。春播的，播后 7~10 d，应第 2 次喷水，生长季遇过分干旱应及时喷水。

（2）间苗与补苗。幼苗长至 4~6 叶时，于阴雨天拔出过密苗，栽于缺苗处，间苗定苗的苗距为 4~5 cm。

（3）除草、追肥。在 5—9 月，根据草情，每 20~30 d 除 1 次草，确保床面无草害。6 月下旬，若叶片不浓绿，应向床面撒 1 次磷酸二铵或尿素，施量 20 kg/亩，追肥后若 2 d 内无降雨应喷水以防烧苗，同时也有利于苗木尽快吸收。

（4）虫病害防治。在 5—8 月，如发现有蚜虫、毛虫等虫害，可喷洒 10 % 溴氰氧乐果兑水 2 000~2 500 倍数进行灭杀。播种后出苗前，如床面有蝼蛄，可向床面施撒呋喃丹。另外，为防止和减轻病害，播种前最好向床面撒 50 % 多菌灵粉剂并与土壤颗粒混合。播种苗当年苗高和苗木地径应达到 40 cm 和 3 mm 以上，可以在翌年 4 月上旬掘苗移栽。为使苗木根系发达，第 2 年可以在原床上墩苗 1 年，第 3 年早春移栽。

三、暴马丁香的栽培管理技术

1. 移栽地选择和准备

4 月或 10 月，选土层厚度大于 60 cm，质地为中壤至中黏土的平地或缓坡做栽植地。土壤较为黏重，便于几年后带土坨掘苗，沙土至沙壤土难以带土起掘。清除杂物，按 20 cm 垄高和 60 cm 垄距起垄。

2. 苗木质量和苗木移植

苗木二年生或一年生，根颈直径应大于 1 cm，苗高不小于 80 cm，苗茎充分木质化，根量少于 6 条，根长大于 20 cm。适宜苗木移植时期为 10 月上旬至 11 月初或 4 月。栽前苗根应适当短截，保留长度 10~15 cm，将苗根浸于冷水中 24~48 h。在垄上或垄沟内，按 60 cm×60 cm 的株行距，挖深 15 cm、直径 25~30 cm 的坑穴，向坑底填入农家肥，穴施量 1~2 kg。回土少量，将苗根放入坑内，填土踩实，苗需直立而不歪斜，栽植深度使根颈与坑表平齐，坡地可适当深 2~3 cm。向垄沟内大水漫灌浸湿土表不少于 30 cm。过 7~10 d 再第 2 次灌水。水下渗后，坑表或根颈处，覆盖 5 cm 厚的松针等树叶。

3. 树形及整形

培育暴马丁香大苗，可考虑以下 3 种树形。一是独干圆冠形，树干既主干和中心干直立优势，2 m 以上有向四周向上生长的分枝，树高 2.5 m 以上，冠中高 1.5 m 左右，树冠自然圆冠形；二是丛状形，从地表处向四周向上分布 4~5 个大枝，枝倾斜度 10°~15°，地表 0.5 m 以上着生分枝，树高和冠幅分别达到 2.5 m 和 2 m 左右；三是平面扇形，从地表 20 cm 以上，向上直立和倾斜分生 3~4 个大枝，各大枝呈平面扇形，各大枝距 0.1~0.2 m。扇幅从左到右宽达 0.5~1 m，地表 1 m 以上开始有小分枝。若培育丛状形，定植后距地表 10 cm 处剪断苗干，以促发 4~5 个分枝，翌年 3 月，将几个分枝向四周引拉并固定，使呈要求角度。若培养扇形，苗木定植后，在距地表 25~30 cm 处平断苗茎，促使当年萌发 3~4 个枝条，翌年 3 月向两侧引拉并固定枝条使呈平面扇形。若培育独干形，不要断干，利用顶芽优势使其独立生长，以后的 2~3 年内，于 2—3 月对主干上的分枝从基部疏剪掉，或在生长季及时抹掉，当中心干达到 2 m 以上时，保留分枝不再抹疏。丛状形或扇形树形，基部 0.5~1 m 应呈光杆状态，向上应保留分枝，但当分枝生长过强时，应控长度、粗度，不可喧宾夺主。

4. 其他管理

苗木移植后的第 3 年至第 4 年，各苗木可能相互搭头，应于 4 月上中旬，将苗木按 1.2 m×1.2 m 的株行距留苗，余株移出再按 1.2 m 的株行距移植。第 6 年至第 7 年再按 2.4 m 的株行距留株和再移植。各年 5—9 月及时除草和灭治虫害，遇严重干旱应安排浇水。各年 4 月上中旬，最好追施 1 次氮磷钾复合肥，株施量为树龄乘以 100 g，距根颈 20~30 cm，按深为 5 cm 环沟，将肥施入。经 6~8 年的多项管理，当苗木株高、冠幅达到要求规格时既可出圃。

第三节　黄花丁香的繁育与栽培技术

一、黄花丁香的特性

黄花丁香又名"北京黄"，是由中国科学院北京植物园选育出的丁香属黄花系新品种。其叶形和枝条姿态优美、树型大、树干笔直、花色美，气味芳香，抗寒、抗旱、抗海风、抗工业污染，对二氧化硫气体、硫酸雨、工业粉尘抗性极强。具有杀菌、净化空气的作用，是城市园林绿化优选植物材料。黄花丁香的缺点是不能播种繁育，只能通过嫁接繁殖；生长速度相对较慢。

二、黄花丁香的繁育方法

1. 砧木培育

（1）砧木的选择。选购高 30~50 cm 的一年生实生暴马丁香小苗用作黄花丁香的嫁接砧木，进行大垄双行或小垄单行移植，大垄双行垄宽 60 cm，双行之间宽 20 cm，株距 20 cm；小垄单行垄宽 50 cm，株距 15 cm，开好沟，浇足水，水沉下后插苗。双行插沟两侧、单行苗插在沟中间，然后施复合肥，培土封严，第 3 天踩实苗根土。

（2）土地要求。平肥地块，最好每亩施农家肥 2 000~4 000 kg，机翻地起垄，前茬玉米地块最好，也可以利用 2 m×3 m 林间地培养小苗，有利于暴马丁香小苗生长，移植时间 3 月末至 4 月初。

（3）苗期管理。

①移植 10 d 以后小苗开始发芽长叶，要及时提高地温、灭草，此时不能使用化学除草剂。

②小苗根部高 10 cm 时，周围不能留萌芽，根茎要光滑，培养好明年春季嫁接部位，枝条上部自然生长，不需修剪。

③暴马丁香小苗抗旱能力很强，一般正常降水就可满足其对水分的需求。

④暴马丁香基本没有病虫害，不需要打农药。秋季当年暴马丁香小苗根茎粗度可达 0.5~0.8 cm，达到翌年春季嫁接砧木标准，每亩保苗 4 000~6 000 株。

2. 黄花丁香嫁接的技术要点

（1）嫁接前准备工作。根据砧木大小选购合适规格的黄花丁香种条，种条须粗细均匀、芽眼饱满，数量要比砧木数量多 20 %，留有选择余地。接穗种条要放在地窖内保存，装入塑料袋内或用草帘包好存放。嫁接前一天晚上必须剪掉种条根部旧刀口（2 cm 左右），直立放在水桶内，保证种条吸足水分。

（2）嫁接时间与温度要求。西北地区春季是硬枝接最佳嫁接期，气温在 15~20 ℃，10 cm 地温保持在 8 ℃以上可以嫁接。选择无风的晴天最好，北风超过 6 级以上要停止嫁接，否则种条失水快，影响成活率。尽量避开嫁接后 1 周内有降水。

（3）进入正式嫁接工作。暴马丁香砧木苗，先剪掉离地面直径 5~6 cm 以上的枝条。采取地面硬枝舌接法，首先在砧木上用刀削 1 个 2 cm 的斜面，在斜切面上中间部位横切 1 刀，深度是斜面粗度的 1/3 左右。用刀在黄花丁香接穗芽的下方削 1 个和砧木同等的斜面，同样在斜面中间部位横切 1 刀，深度与砧木相等，要求砧木和接穗的斜面刀口要平滑，手拿接穗从砧木上方往下插入，对齐皮层，咬合牢固，接穗与砧木结合部上面要露白(0.5 cm)，有利于形成层伤口愈合，然后用 2 cm 宽的塑料条从下往上绑紧，最后露出芽苞用塑料条封顶固定。

（4）苗期日常管理工作。

①嫁接 10 d 后芽苞膨胀，逐渐长叶，要及时铲地、除草、提高地温，促进新芽快速生长，此时只能人工除草，不能使用化学除草剂。

②清除接口下部的萌芽，每周 1 次，直到秋季，这是 1 项关键性的工作，阻止萌芽和接芽争夺养分。黄花丁香新枝长到 30~50 cm 高时及时解开绑扎的塑料条，解开过晚接口处容易被风刮断。硬枝舌接成活率可达 90 %。

③根据不同需要选留好黄花丁香枝条的数量。为了培育独干黄花丁香苗，2 个芽同时形成 2 根并列枝条，选留 1 个健壮条作主干，另外 1 个剪掉，越早越好。独干苗当年高度可达 1.5~2 m，根茎粗度可达 1.0~1.4 cm。

④黄花丁香对水分要求不高，正常降水就能生长良好，没发现病虫害，不用农药。

3. 高接技术要点

（1）暴马丁香大树高接换头，截掉主干、主枝插皮接，效果不理想，主要缘于接口伤口过大，接穗很难愈合包严，形成干结现象。截干保留直径 1 cm 的次生枝条作砧木插皮接效果比主干上嫁接效果好。如果树木高大，很难控制大量萌芽，随时会发生跑条现象。

（2）暴马丁香大树截干后生长 1 年，第 2 年春季舌接换头成活率高、效果好。

4. 杂交嫁接试验

（1）同科同属杂交嫁接。暴马丁香可与大叶紫丁香成小叶紫丁香杂交，嫁接亲和力强，成活率高；用灌木丁香嫁接黄花丁香、暴马丁香也能成活；嫁接后的大叶丁香表现突出，叶片大，树干直，当年生苗不分枝杈，生长旺盛，可培养独干大叶丁香树。

（2）同科不同属杂交嫁接。白蜡树和暴马丁香、黄花丁香是同科不同属植物，通过相互嫁接亲和力很好，成活率可达 90 % 以上。白蜡（三年生）在 50~80 cm 截干嫁接换头黄花丁香成活率高，当年能长 5~6 个枝条，能形成丰满的树冠。秋天黄花丁香叶片变黄绿色，比其他黄花丁香落叶早15 d。用白蜡树嫁接大叶丁香或小叶丁香、金叶水蜡等培养高干丁香球、水蜡球也是不错的选择，都有亲和力。

第四节　香荚蒾的繁育与栽培技术

一、香荚蒾的特性

香荚蒾又名香探春、翘兰、丹春、丁香花，忍冬科荚蒾属，落叶灌木，高达 3 m。小枝有柔毛，枝褐色。叶椭圆形，长 4~7 cm，顶端尖，基部楔形，边缘具三角形齿；上面疏生柔毛，下面叶脉上有簇毛，侧脉 5~7 对；叶柄长 1~1.5 cm，紫色。圆锥花序 3~5 cm，近光滑，具多花，花先于叶开放；花冠高脚蝶形，含苞待放时粉红色，后为白色；花冠筒长约 8 mm，裂片 5，长约 4 mm；雄蕊 5，着生于花冠筒中部。核果矩圆形，长 8~10 mm，鲜红色，核有一腹沟。花期 4—5 月，果熟期 8 月。花可提取芳香油。主治破血，止痢消肿，除蛊疰、蛇毒。生于山谷林中，海拔 1 650~2 750 m。耐半阴，耐寒；喜肥沃、湿润、松软土壤，不耐贫瘠土壤和积水。青海、甘肃、新疆、山东、河北等省（区）多有栽培。香荚蒾花白色而浓香，花期极早，为北方园林绿化中的佳品。草坪边、林荫下、建筑物前都极适宜丛植；耐半阴，可栽植于建筑物的东西两侧或北面，丰富耐阴树种的种类。繁殖以扦插和播种为主，也可以压条或萌蘖。

二、香荚蒾的繁育方法

(一) 种子繁育方法

1. 整地作床

播种前结合深翻（25~30 cm）晾晒，施足基肥，施有机肥 45 t/hm²，施硫酸亚铁粉末 375 kg/hm²，磷钾肥 750 kg/hm²，有机磷杀虫剂 30 kg/hm²，做成宽 1.0~1.5 m、长视苗圃情况而定的苗床，拾净杂草、石头等杂物，耙好整平，做到土细地平。

2. 种子采集与储藏

香荚蒾种子采集时间一般在 8 月上中旬，果实成熟后很容易脱落，采集不到种子，因而，从 8 月初开始要时时观察，果实成熟时要及时采摘，采收果实后除去杂质，将种子浸泡 36 h，然后捞出平摊于地面，将果肉踩烂，用清水冲去果肉，捞取种子，晾晒干后，再用筛选除去果皮等杂质，选出净种后装袋入库，库存管理与其他种子库存方法相同。

3. 种子处理

播种前用 0.5 %~1 %硫酸铜溶液浸种 6~8 h，捞出用清水冲洗后阴干表面，即可播种。如果需翌年春播，则用干净湿润细沙与消毒过的湿种子 2：1 的比例混合均匀，并在露天阴暗处挖 1 个深 0.8~1 m、长宽根据地形和种子数量而定的坑，坑底铺 1 层 10 cm 的净沙，然后放 1 层 10 cm 备好的种子，上面盖 1 层 15 cm 的湿润净沙，作为总的 1 层；这样放 2~3 层后上面盖 30~40 cm 土即可，如果处理种子较多，挖的坑较大时要放通气孔，翌年春季个别种子露白时即可播种。

4. 播种方法

香荚蒾秋播，省时省工，翌年春季出苗整齐，壮苗，播种时间在 10 月中下旬（一般在土壤冻结前播种即可），播种后灌水 1 次。春播则利用秋冬沙藏过的种子，待土壤解冻，个别种子露白时播种。大田育苗一般采用条播，条距为 20 cm。经测定香荚蒾种子千粒重为 30~40 g，果实含种仁率 80 %左右。一般播种量 300~450 kg/hm²。分床定量播种，做到播种、覆盖（锯末：细土：细沙＝1：2：1）、镇压工序紧密衔接。

5. 苗期管理

(1) 水分管理。春天播种后，应马上漫灌床面，待土表发白，泥土不粘铲时立即松土，之后，再盖上遮阳网或 1 层树枝，以保温保湿，防止太阳直射和暴雨冲洗。秋天播种后，即可进行漫灌，也可以利用冬灌进行漫灌，翌年待土壤解冻时床面进行打土保墒，处理后盖上遮阳网或1层树枝。当幼苗出土70％以上时，即可选择在阴天或傍晚揭去覆盖的树枝（遮阳网可推迟到8月），利用喷灌机喷雾，保持床面湿润。当幼苗长出3～4片真叶时，结合浇水施氮肥1次。8月以后要少浇水有利于炼苗，土壤结冻前利用冬灌漫灌1次。

（2）除草。当幼苗大部分出土时，杂草也开始萌发危害，要用手轻轻摘除，不可动土；苗木出齐后，拔草时松土要逐步加深，但不能松动幼苗。除草后及时喷水，使被松动的苗木根部土壤紧实，以免影响苗木生长，减少死亡，除草要做到"除早、除小、除净"。

（3）追肥。追肥应在幼苗萌生3～4片真叶时，于阴天或早晚进行根外追施氮肥，一般90 kg/hm²，追肥间隔10～15 d，做到少量多次。用喷施宝或磷酸二氢钾进行叶面追肥效果更佳，8月中旬停止追肥进行炼苗，保证苗木安全越冬。

（4）间苗。幼苗出现3～5片真叶时，进行初次间苗，保持150～200株/m²，当幼苗出现6～7片真叶时定苗，保持在90株/m²左右，产苗量约90万株/hm²。

（5）病虫害防治。一般幼苗出齐后，利用0.3％～0.5％的高锰酸钾、1％的硫酸亚铁溶液等防治猝倒病及根茎腐病；当幼苗出现6～7片真叶时（即6月底至7月初）时，可用75％托布津可湿性粉剂、45％代森铵水剂、25％多菌灵可湿性粉剂等防治。常见虫害主要是地下害虫地老虎、金龟子等，用40％氧化乐果或氯氰菊酯乳油等杀虫剂加水稀释，浇灌苗木根部防治害虫。

（二）扦插繁育方法

1. 苗圃地的选择

育苗地应选择地势平坦、用水方便、土壤透水透气良好且较肥沃的沙壤土。周围有防护围墙或在塑料温棚内，上面用2层70％的黑纱网遮阳。

2. 作床

土壤深翻后施少量基肥（农家肥或磷酸二铵），用0.2％辛硫磷喷洒防治地下害虫。土地平整后，准备宽1.5～2.0 m，长5～7 m的育苗床，将干净的沙子直接铺于育苗床上，沙床厚度5 cm，然后用0.1％的多菌灵灭菌。沙床做好后，用易于弯曲且具用一定支撑力的竹皮做拱棚，拱棚跨度以覆沙床为准，高度70 cm左右。

3. 插穗采集

采条季节应选在枝条积累养分最多的6月上旬至8月初，采集当年生优良结果母枝上未木质化、半木质化的枝条，插穗长度 10~15 cm，带 2~4 个节间，下切口呈斜面并靠近腋芽，以利于生根，留 1/3 叶片。

4. 药剂配制

植物生长剂用 95 % 的酒精溶解，每 1 g 需加酒精 50 mL，溶解后用蒸馏水稀释。

5. 扦插

扦插前将沙床喷湿，速蘸药液后扦插，深度 2~3 cm，株行距 7 cm×7 cm。扦插后插孔要压紧，让河沙与插穗充分接触。

6. 插后管理

扦插完毕后及时用喷雾器将叶片均匀喷湿，空气相对湿度保持 80 %~95 %。然后用塑料薄膜覆盖于拱棚上，3 边压实，一边用活动物体覆压，留用洒水时张揭。插后在晴天时从 10：00 开始，每 2 h 喷水 1 次，每天 4 次，如遇阴天（或降雨）天气，则根据棚内湿度和叶片情况可适当少喷，每次喷水以叶片挂水珠为准，棚内的温度控制在 18~28 ℃，洒水每天都要进行。10~15 d 即可生根。生根前每天保持 4 次喷水，生根后每 5 d 减少 1 次喷水，到 1 个月左右，每天喷水 2 次，35~40 d 停止喷水。然后逐步接开薄膜通气、炼苗，最后拆除薄膜。在扦插管理过程中，每周在 16：00 喷水时加 0.4 % 尿素和 0.2 % 磷酸二氢钾叶面肥，以防叶片黄化，一共喷叶面肥 5 次。

7. 后期管理

苗木在大气湿度和全光照条件下生长 1 个月后，根据沙床的干燥程度及时浇水，并追施少量尿素。

（三）分株繁殖

香荚蒾根际萌发能力强，一般萌蘖苗较多。3 月下旬，从树干根际挖取粗度在 0.3 cm 以上的萌蘖苗，并带少量根系，适当进行修剪，枝干剪为 20~30 cm，栽植后浇透水，每天喷水 1~2 次，保持根系水分的吸收与蒸腾达到生理平衡，2 个月后可进入常规养护管理。

（四）组织培养快繁技术

1. 材料及灭菌

7 月上旬把生长非常旺盛的香荚蒾嫩茎采回试验室，剪成长约 3 cm 嫩茎段后，放到磨口广口瓶中，用自来水洗涤 10 min 左右，再用 0.005 % 安利洗涤液洗涤 5~10 min，移到超净工作台上，用 70 %~75 % 的乙醇灭菌 15 s 左右，再用 0.05 % 的 $HgCl_2$ 溶液灭菌 15 min，最后用无菌水洗涤 5 次，即可获得无菌嫩茎。

2. 培养条件

以 MS、1/2MS 为基本培养基，附加不同浓度 6-BA、2，4-D、NAA、IAA。固体培养基胨力强度为 200 g/cm²。以 MS 为基本培养基加蔗糖 30 g/L，1/2MS 为基本培养基加蔗糖 15 g/L。光照强度 3 000 lx左右；光照时间 12 h/d；培养基 pH 值为 5.8~6；培养温度 26 ℃。

3. 愈伤组织的培养

在超净工作台上，将无菌嫩茎切成长 0.2~0.3 cm 的茎段后，接种到以 MS 为基本培养基，附加不同浓度 6-BA、2，4-D、NAA 的培养基上，进行嫩茎愈伤组织的诱导培养。每种培养基接种 100 个茎段，重复 2 次。

4. 愈伤组织分化培养

将以上诱导培养的愈伤组织分割成 0.3 cm 左右的块状后，接种到以 1/2MS 为基本培养基，附加不同浓度的 6-BA、NAA 的分化培养基上，进行愈伤组织的分化培养试验。愈伤组织的分化培养试验每种培养基接种 100 块材料，重复 2 次。

5. 不定芽生根培养

将上述分化培养的不定芽采用以下 3 种方法进行处理。

（1）向培养不定芽的培养瓶中倒入 5 mL 浓度为 10 mg/L 的 NAA 溶液处理 24 h 后，将不定芽从基部切下，接种到 1/2MS+IAA 0.2 mg/L 培养基上进行生根培养。

（2）将不定芽切下后把下部切口在 5 mg/L 的 NAA 溶液中处理 5 min 后，接种到 1/2MS+IAA 0.2 mg/L 培养基上进行生根培养。

（3）将不定芽切下后，不经任何处理，直接接种到 1/2MS + NAA 0.1 mg/L+IAA 0.5 mg/L 的基本培养上进行生根培养。不同处理方法对不定芽生根培养试验中每种处理接种 200 个不定芽，重复 2 次。

6. 试管苗的移栽与定植

把培养生根试管苗移到温室中，打开瓶塞，放在直射光下炼苗 2 d 后，将试管苗移栽到上半层为干净河沙、下半层为肥沃园土的花盆中，并在前 10 d 保持没有直射光、湿度 90 %左右的环境条件。移栽后 30 d 观察统计。移栽试验进行 2 次，每次移栽 400 株。把在温室中移栽成活的试管苗定植到城区的花坛上或绿化带上。

三、香荚蒾的栽培与管理技术

1. 中耕除草

苗期及时除草松土。在苗木生长时期，根据土壤水分状况及杂草生长情况及时进行中耕锄草。在浇水后或降水后 2~5 d，土壤半干半湿时进行中耕，既疏松表土又可以除掉杂草，中耕深度一般为 3~5 cm。

2. 追肥

第 1 次追肥宜在春季开始生长以后；第 2 次追肥宜在开花前；第 3 次追肥在开花后。追肥除用粪干、粪水及饼肥外，也可施用化学肥料，其一般施用浓度为：硫酸铵 0.5 %~1 %、硝酸钾 0.1 %~0.3 %、尿素 0.1 %~0.3 %、磷酸二氢钾 0.1 %~0.2 %。宜在土中加些腐熟的有机肥、骨粉、过磷酸钙、氮磷钾复合肥等，早春 5 月施 1 次腐熟的有机液肥或 0.2 %磷酸二氢钾溶液，促进其叶茂花繁。花期和休眠期不施肥，从花后到秋末 20~30 d 施 1 次氮磷钾复合肥，忌单施氮肥，以免徒长，翌年春季叶多花少。秋季在树冠外围环施基肥。

3. 修剪

香荚蒾管理粗放，花后剪去病枝、枯枝、衰老枝和交叉枝。

4. 采种

在果实颜色变为深紫色、果肉变软时采收。将果实装入塑料袋密封起来沤制或堆积起来，使果肉腐烂掉，再用清水进行清洗，将洗净的种子捞出晾晒。晒干后选择优质、粒大、饱满、无虫害的种子，装入袋中放在干燥、通风、室温为 0~15 ℃的地方收藏。

5. 虫害及其防治

(1) 粉虱。主要有白粉虱，为害大多数花卉植物。

防治方法：一是清洁园圃，合理修剪、疏枝、勤除杂草等可压低虫口；二是药物防治，可用 40 %氧化乐果乳剂 1 000~1 500 倍液或 50 %马拉松乳剂 1 000 倍液、25 %亚胺硫磷乳剂 1 000 倍液喷雾防治。

(2) 蚜虫。主要是棉蚜。

防治方法：一是清洁园圃，清除越冬杂草；二是药剂防治，重点喷药部位是生长点和叶片背面。用 1.8 %阿维菌素（虫螨克）3 000~5 000 倍、10 %吡虫啉可湿粉剂 2 000 倍液喷雾防治、50 %抗蚜威可湿粉 1 500~2 000 倍液对蚜虫有特效，也可用 20 %灭扫利乳油 2 000 倍液、2.5 %天王星乳油 3 000 倍液或 25 %乐氰乳油 1 500 倍液喷雾防治。

（3）红蜘蛛。主要是植食性叶螨。

防治方法：一是清洁园圃，除草积肥，消灭越冬虫源，压低初期为害的虫口；二是药物防治，选用 1.8 ％虫螨克乳剂 4 000~5 000 倍液、2.5 ％天王星乳油 2 000 倍液、21 ％灭杀毙乳油 2 500 倍液、5 ％卡死克乳油 2 000 倍液、50 ％马拉硫磷乳油或 40 ％乐果乳油 800 倍液等喷雾防治。

第五节　忍冬的繁育与栽培技术

一、忍冬的生物学特性

忍冬属植物多为直立或攀缘灌木，全世界约有 200 种，产于北美洲、欧洲、亚洲、非洲北部的温带和亚热带地区，我国有 98 种，广泛分布于全国各省（区、市），其中西南部种类最多。忍冬属植物色彩丰富，花有红、白、黄等颜色，花枝长而着花繁密，浆果类型多样，色彩艳丽，有红、黄、黑、蓝等颜色，是优良的观花、观果植物。忍冬属植物适应性强，在园林绿化和景观利用等方面有着广泛的用途。宁夏地区忍冬属植物资源丰富，自然分布有 15 种和 2 变种，观赏价值很高。

二、忍冬的繁育方法

忍冬的繁育方法主要以播种繁育和扦插繁育为主。播种育苗采用当年种子，扦插育苗采用一年生嫩枝或者硬枝。

（一）播种育苗技术及方法

1. 种子采集

金花忍冬一般需要 20 年才能结成饱满的种子。8 月下旬果实成熟，呈红色，用手轻捏，果实酥软，即可采集。用手采摘，将采回的鲜果装入袋中，堆放于阴凉处 3~4 d，待鲜果腐烂，挤出种子，用清水漂出果浆，将淘洗过的种子堆于室外晾干，干燥后放于通风的地方储藏。

2. 种子处理

春播：采用沙藏法处理。将当年秋季采集的种子，用 30 ℃温水浸种 10 d，每天换水 1 次。消毒后，将种子与干净的湿河沙按 1∶3 的比例混匀，湿度以手捏成团，放开即散为宜。选择阴凉的房间堆藏 5 个月，沙藏过程中需经常搅拌种子，保持种沙湿润。

秋播：30 ℃温水浸种 10 d，消毒后播种。

3. 种子消毒

种子在播种或沙藏前，用 1 % 的高锰酸钾液消毒 0.5 h，用清水冲洗干净。

4. 播种量

每亩播种量为 8~10 kg。

5. 作床及土壤消毒

按南北行向作长、宽、高为 10 m×1.5 m×0.2 m 的高床，深翻土壤，打碎土块，耙尽草根、石块等，耙平床面。结合整地，采用 95% 的敌克松可湿性粉剂 0.5~1.4 g/m² 进行土壤消毒。

6. 播种

用开沟器按 15 cm 的间距，开宽 10 cm、深 1 cm 的播幅，条播种子。覆土厚度 1 cm，覆土后在床面用手镇压，让种子和土壤紧密接触。

7. 苗期管理

播种后要适时浇水，始终保持床面湿润，在出苗率达 60 % 时，每隔 1 周喷洒 1 次多菌灵 800 倍液或 0.5 % 的波尔多液，喷药后 0.5 h 用清水洗苗，以防药害。秋播苗出苗迟，翌年 7 月底才出齐，于 8 月中旬施磷钾肥，加速苗木木质化，提高越冬抗寒能力。同时苗期要加强间苗、松土、除草、防病虫等管理措施。春播苗播种后，30 d 开始出苗，40 d 左右基本出齐，于 6—7 月施氮肥，加速苗木生长。8 月中旬以后，在阴雨天撤除遮阳网，施磷钾肥，加强越冬抗性。苗木越冬前，要覆土或覆落叶松针叶 5 cm 防寒保苗，翌年春季土壤解冻后，适时刨去防寒土。

（二）硬枝扦插育苗关键技术及方法

1. 扦插基质

森林土 60 %，蛭石 20 %，松针 10 %，珍珠岩 10 % 的比例混合均匀。

2. 插条处理

将插穗剪成 10~15 cm 的长段，带 2~4 个节间，每节带 1 个侧芽苞，下切口呈斜面并靠近腋芽，切段时从芽上 1 cm 处呈 45°角沿背面斜下切，以利于生根。将插穗每 50 株捆在一起，然后用 50 % 甲基托布津可湿性粉剂 500 倍液处理 0.5 h，再置阴凉处，待表皮水干后，采用 3 种方法处理插条：分别采用 ABT1 号生根粉 10 mL/L，双吉尔-GGRG 100 mL/L，清水对照处理 6 h，每种处理均为 100 株插条。

3. 扦插时间

4 月下旬开始扦插，密度为 5 cm×10 cm，深度为插条的 1/3，方向为斜面向北，芽苞向南，扦插时，先用小木棍插 1 个小洞，再插入插条，扦插后插孔要压紧，以让土与插穗充分接触。扦插后立即喷 1 次透水。

4. 插后管理

插后每天喷 4 次水，具体时间为 8：00、10：00、14：00 和 16：00，每次喷水时间要短，坚持少量多次的原则，如遇阴天或降水，则根据棚内空气相对湿度情况可适当少喷。同时，晴天要用遮阳网，以控制光照、降低棚内温度。棚内温度、空气相对湿度可通过打通风口，打开棚膜等来控制，将空气相对湿度控制在 60 %～75 %、温度控制在 24～28 ℃为宜，地温控制在 18～22 ℃，土壤相对含水量保持在 40 %～45 %为宜，10～15 d 即可生根。扦插后，定期喷洒剂量退菌特 800 倍液或 0.3 %高锰酸钾等杀菌剂，一般每周喷 1 次杀菌剂，每隔 2 周喷施 1 次 0.4 %尿素+0.2 %磷酸二氢钾营养液。1 月底，根系已完全形成，可将遮阳网撤掉，8—9 月全光下正常管理，然后逐步揭开薄膜通气、炼苗，最后拆除薄膜。

（三）嫩枝扦插育苗关键技术及方法

1. 扦插基质

按森林土：腐殖土：蛭石：珍珠岩 = 1：1：0.5：0.5 比例混合均匀，并按每立方米 300 g 敌克松进行消毒，扦插前 10 d 准备好。将装好穴盘的基质用 2 %的硫酸亚铁进行喷洒消毒，放置 7 d 后进行扦插。

2. 插穗的采集及处理

在金花忍冬优良母树上选取当年生半木质化枝条作插穗，长 10～15 cm，除去下部叶片，只保留上部 1～2 对叶片，插穗要求上剪口距上端芽 1.0～1.5 cm，下切口要靠近腋芽，基部削成马蹄形，这样有利于生根。将插穗每 50 个捆成 1 捆，立即放入水中，等剪够一定的数量后，将插穗基部用 500 mL/L 吲哚-3-丁酸速蘸即可扦插。

3. 扦插的时间及方法

嫩枝扦插适宜在 6—8 月，由于嫩枝水分充足，生根快，成活率高，可以多采用。扦插可采用直插的方法，扦插深度为插条的 1/3，每个容器插入 1 根插条，插后插孔要压紧，使土壤与插穗充分接触。扦插后立即喷 1 次透水。

4. 插后管理

为控制温度，防太阳直晒，可用遮阳网覆盖，在苗木生根时期，透光率一般在 30 %～40 %，原则是天晴遮阳、天阴不遮阳，天晴时每天不定时喷水，始终保持叶面不失水，每次喷水 5～10 min，如果喷水时间过长，喷水量太大，易导致插条下端腐烂。喷水量一般以每天 2~3 次为宜，高温时喷 4~5 次。中午保持 28 ℃左右，超过 30 ℃要通风或喷水降温。插后 10 d 内要保持相对湿度在 95 %以上，否则插穗叶片易脱落，枝条因未生根又失去营养补充，常常发生枯萎现象。同时，定期喷洒退菌特 800 倍液或 0.3 %高锰酸钾等杀菌剂，一般 7 d 喷 1 次。采取上述方法，一般 5~7 d 插条伤口即可愈合，10~15 d 即可生根，成活率可达 90 %以上。生根后，逐渐将遮阳网去掉，温度控制在 25 ℃左右，相对湿度控制在 60 %以下，同时，每隔 15 d 喷 1 次 0.3 %营养液。

5. 越冬管理

11 月至翌年 2 月下旬，苗木进入休眠期，这时也要控制好温湿度，使室内温度不高于 20 ℃，最低温度不能让水管冻结，相对湿度保持在 40 %~50 %。进入翌年 2 月下旬，天气变暖可将棚内温度白天控制在 25 ℃以上，恢复苗木生长。

6. 苗木出圃

（1）裸根苗出圃时间。4 月可以出圃。起苗前 1 周灌水，一级苗截干 40 cm，二级苗截干 30 cm，剪口距主芽 1~2 cm。起苗时避免伤及茎干和根系，保持根系完整。

（2）营养钵苗出圃时间。每年 4—10 月。

（3）苗木出圃注意事项。裸根苗出圃要强调做到随起苗、随分级、随蘸浆、随封杆、随调用、随栽植。营养钵苗出圃作到随调用、随栽植、随修剪。

三、忍冬的栽培与管理技术

1. 整地

先将栽植地基本整平，然后选用腐熟的有机肥，按照 4 m³/亩进行施入。

2. 选苗

裸根苗选择生长健壮，无徒长枝，根系完整的苗木。栽植前重剪，从基部留取 20 cm 左右。营养钵苗按照设计规格选取根系完整，无徒长枝苗。

3. 种植时间

裸根扦插苗或大苗移栽适于在早春季节进行栽植；营养钵苗可在春季、夏季、秋季进行栽植。

4. 种植方法

裸根苗在3月下旬或4月初根据栽植苗木规格挖坑进行栽植。边坡及河滩地绿化可选择二年生以上裸根苗在早春进行种植，密度1 m×1 m或2 m×2 m。首先根据苗龄挖种植穴，填上或拌入适量腐熟的有机肥或复合肥，然后再种植。栽植时可选择三埋二踩一提苗的方法，栽后灌足定根水。营养钵苗可在春季、夏季、秋季进行栽植，栽植方法与裸根苗栽植方法相同。

5. 生长期管理

春季定植前先进行平茬（留20 cm），促进根茎部分多萌发新枝。及时进行中耕、除草、深翻，绿化用苗期无须施肥。雨后排水防渍，以免引起烂根，影响生长。第1年栽培全年灌水5~6次，4月中旬灌萌芽水，结合追肥进行；其他季节灌生长水；10月中下旬灌冬水。以后逐渐减少灌水次数。

附录 宁夏回族自治区地方标准《林木育苗技术规程》（DB64/T 1196—2016）

1 范围

本标准规定了林木育苗技术的苗圃建立、圃地准备、播种育苗、扦插育苗、嫁接育苗、大苗培育、苗期管理、灾害防治、苗木调查、苗木出圃和档案建设。

本标准适用于宁夏地区造林绿化树种露地育苗。

2 规范性引用文件

下列文件对于本文件的应用是必不可少的。凡是注日期的引用文件，仅所注日期的版本适用于本文件。凡是不注日期的引用文件，其最新版本（包括所有的修改单）适用于本文件。

GB 2772 林木种子检验规程

GB 5084 农田灌溉水质标准

GB/T 6001—1985 育苗技术规程

GB 7908 林木种子质量分级

LY/T 1185 苗圃建设规范

LY/T 2289 林木种苗生产经营档案

LY/T 2290 林木种苗标签

DB64/T 423—2013 宁夏主要造林树种苗木质量分级

3 苗圃建立

3.1 选地

3.1.1 经营条件

交通便利，劳力、电力、机械（畜力）来源方便，周围环境无污染；宜靠近乡镇，适当远离市区。

3.1.2 自然条件

3.1.2.1 地形地势

宜选择地势平坦的土地，或坡度小于5°的缓坡地；选择山地，坡度不宜超过15°，以东南坡为宜。山顶、风口、山谷及地势低洼容易积水的地方不宜作为苗圃地。

3.1.2.2 水源和地下水位

应有灌溉水源，灌溉用水符合GB 5084的规定。地下水位深度适宜，沙土1.5 m以下，沙壤土2.0 m以下，轻壤土3.0 m以下，黏壤土4.0 m以下。

3.1.2.3 土壤

宜选择石砾少、通气良好的沙壤土、轻壤土或壤土，土层厚度50 cm以上；也可选择经过改良的沙土作为苗圃地。土壤肥力较好，含盐量不超过0.15 %，pH值为6.5~8.5。

3.1.2.4 有害生物

圃地应远离有害生物疫情发生区，地下害虫较多或感染病菌较严重的地块不作圃地。

3.2 苗圃区划

参照LY/T 1185有关规定进行。

4 圃地准备

4.1 整地

4.1.1 平地

育苗前，清除圃地杂草、树根、石块等，地块不平的，对土地进行平整。

4.1.2 浅耕

前茬是作物或绿肥的，收割后立即浅耕，深度5~10 cm；在生荒地、撂荒地或采伐迹地上开垦苗圃，先浅耕再整平，浅耕深度10~15 cm。

4.1.3 深耕

4.1.3.1 耕地时间

土壤较黏的圃地，适宜秋耕；风沙危害较大和秋季或早春风蚀较严重的圃地适宜春耕；山地苗圃和旱地苗圃适宜在雨季、草籽成熟前夏耕。

4.1.3.2 耕地深度

一般深20~40 cm。培育播种苗耕深20~25 cm；培育扦插苗耕深25~35 cm；培育大苗耕深30~40 cm；秋耕宜深，达到30 cm以上，春耕宜浅，达到 20 cm 左右；干旱地区宜深，湿润地区宜浅；盐碱地宜深，沙土地宜浅；厚土层宜深，薄土层宜浅；黏质土宜深，沙质土宜浅；培育直根性树种宜深，培育浅根性树种宜浅。

土层瘠薄的圃地，避免将生土翻上来，耕作深度由浅加深，相应增施基肥；为了防止形成犁底层，同一地块每年的耕地深度应有所变化；耕作层较浅和新开辟的苗圃地，前三年耕地深度可逐年增加 2~3 cm。

宁夏不同地区的耕地时间和深度参见附录 A。

4.1.4 耙耱

在土壤较黏重地区耕后宜晒垡，不立即耙地，待土壤干燥到一定程度耙地或翌年春耙地；休闲地在雨后湿度适当时耙地；干旱或无积雪地区在秋耕后及时耙地；冬季有积雪地区耕后不耙，待翌年早春顶凌耙地；风沙较多地区不宜耙地。

4.1.5 镇压

在土壤疏松较干的情况下，宜对耙地、作床、作垄后的土壤进行镇压，或在播种前镇压播种沟底，或播种后镇压覆土。

4.2 土壤改良与处理

4.2.1 土壤改良

偏沙土壤混拌黏壤土、草炭、泥炭土和有机肥料；偏黏土壤混拌沙土；偏盐碱土壤拌沙、混拌腐熟和消过毒的腐殖质土、施用适量的硫酸亚铁、脱硫废弃物及开挖排水沟。土壤瘠薄逐年增施有机肥料。

4.2.2 土壤处理

土壤病虫害防控消毒常用药剂参见附录 B 表 B.1，杂草防除（封闭）常用化学药剂参见附录 H 表 H.3。

4.3 施用基肥

4.3.1 基肥种类及用量

基肥以有机肥为主，无机肥为辅。施用量要适地、适树、适量。每隔 3~5 年，测定圃地土壤肥力，为科学施肥提供依据。常用有机肥参见附录 G 表 G.1，无机肥参见附录 G 表 G.2。

4.3.2 施肥方法

有机肥料要经过充分腐熟后，捣细拌匀，无机肥也要混拌均匀，结合耕翻，均匀施入深土层中。

4.4 作床

4.4.1 作床原则

育苗作业方式包括床作（高床和低床）和大田式育苗（垄作和平作），根据气候、土壤、水分、树种、育苗类型选择苗床，具体原则是：

a. 气候干旱少雨的地区宜采用低床或平作，气候寒冷、降水较多的阴湿山区宜采用高床或垄作。

b. 地势平坦的沙壤土宜采用低床或平作，质地较黏的土壤宜采用高床或垄作。

c. 水源不足、灌溉条件差的圃地宜采用低床，水源充足、灌溉条件好、排水良好的圃地宜平作，地下水位高、容易积水的圃地宜采用高床或垄作。

d. 对土壤水分要求不严、稍有积水无妨碍、培育管理技术要求不严的树种宜采用低床或平作，反之宜采用高床或垄作。

e. 针叶树和微粒种子的阔叶树宜采用床作，大粒种子树种宜采用平作，播种育苗多床作，扦插育苗多垄作。

4.4.2 苗床类型及作床方法

4.4.2.1 高床

床面高出步道 10～30 cm，沙壤土低些 10～20 cm，黏壤土高些 20～30 cm；床宽 1～1.5 m，床长 10～20 m，可适当加长，步道宽 30～50 cm。

4.4.2.2 低床（畦作）

床面低于步道 15～25 cm，床面宽度 1～1.5 m，步道宽 30～50 cm；床长根据地形、灌溉条件和管理方式确定。

4.4.2.3 垄作

垄底宽 50～70 cm，垄面宽 40～60 cm，垄高 15～25 cm，垄沟宽 30～40 cm，垄长根据地形确定。垄向南北走向。在干旱地区宜用宽垄，以利于蓄水；在湿润地区宜用窄垄，以利于排水。

4.4.2.4 平作

不设苗床或垄，带状作业，可分单行式、双行或三行带式；行距根据树种特性和使用机具而定，带间留出 30～50 cm 步道，培育大苗可不留步道。

5 播种育苗

5.1 种子选择与处理

5.1.1 种子选择

选用本地种子园、母树林、优良林分、优良单株的种子，或适宜本地区优良种源区的种子。

5.1.2 检疫检验

育苗用种检疫按照《植物检疫条例实施细则》（林业部分）规定进行；质量检验按照 GB 2772 进行；种子质量达到 GB 7908 规定的要求。

5.1.3 种子消毒

催芽前，多数树种的种子要用药剂进行消毒，常用药剂参见附录 C。

5.1.4 种子催芽

根据树种的种子特性，采用相应的催芽方法，参见附录 D。

5.2 种子使用

不同树种、品种、批号、等级的种子，不能混合处理。用不同方法处理的种子不能混播。

5.3 种肥施用

宜用含磷为主的颗粒肥料（参见附录 G 表 G.2），忌用粉状化肥；种肥和种子混拌均匀后一起播入土中，也可用微量元素的稀薄溶液浸种后播种。经过催芽的种子，不可与种肥混拌，应于播种前将种肥施于播种沟内。

5.4 播期

5.4.1 春播

一般在土壤解冻后适时早播，北部引黄灌区多在 3 月上旬至 4 月初，南部山区多在 4 月中下旬。对晚霜敏感的树种适当晚播。

5.4.2 夏播

夏季成熟，易丧失发芽力的种子，宜随采随播。

5.4.3 秋播

多数大粒种子、种皮（壳）坚硬或较厚、休眠期比较长的种子适宜秋（冬）播，但不宜过早，一般要在 11 月中旬至土壤封冻冬灌前播完。

5.5 播量

5.5.1 公式计算

参照 GB/T 6001—1985 中 6.4 的公式进行计算。

5.5.2 经验值

参见附录 F 表 F.1。

5.6 播种方法

5.6.1 条播

小粒或中粒种子宜采用，播幅 5~10 cm，行距：阔叶树 20~30 cm，针叶树 10~20 cm。

5.6.2 撒播

微粒、小粒种子宜采用，将种子均匀撒在苗床上。

5.6.3 点播

一般用于大粒种子，根据密度确定株行距。

5.7 播种技术

5.7.1 播种前圃地土壤要干湿适宜，一般秋播先播种后灌水，春播先灌水，地表发白时耙磨后播种。

5.7.2 播种时种子要均匀。随播、随覆土。覆土厚度，根据种粒大小、发芽类型、圃地土质、播种季节和覆土材料确定，一般为种子横径的2~3倍，微粒种子以隐约可见为度。子叶出土的树种和针叶树种的种子比子叶不出土的种子覆土要薄。播种同一树种，土壤黏重的圃地应比土壤疏松覆土要薄，墒情好的土壤应比墒情差的土壤覆土要薄；土壤条件相同的圃地，春播覆土要薄，秋（冬）播覆土要厚。

5.7.3 播种微、小粒种子和发芽出土缓慢的种子，覆土、镇压后及时用稻草、麦秸等覆盖。

5.7.4 用塑料薄膜小拱棚或地膜覆盖，有增温保墒和防止风吹、水蚀的作用，可提早播种，有利于苗木生长。

5.7.5 幼苗出土前应保持土壤湿润，垄播和高床播可采用侧方灌水。

5.7.6 主要造林树种播种育苗技术

主要造林树种播种育苗简要技术参见附录F表F.1。

6 扦插育苗

6.1 硬枝扦插

6.1.1 种条采集

宜从采穗圃、种源清楚的优良母树上采集当年生长健壮、充分木质化、节间距离较短、芽体饱满、发育充实和无病虫害的种条。采条时间，一般在秋季落叶后到早春树木发芽前的休眠期。采后放于室内沙藏或窖藏。

6.1.2 插穗剪制

选择种条的中、下段剪制插穗。剪口上平下斜，距上切口1~1.5 cm处保留1个以上健壮且饱满的芽体，下切口呈斜面并靠近腋芽。要求做到切口平滑、不破皮、不劈裂、不伤芽。乔木插穗长度8~18 cm，粗度0.8~2.5 cm，插穗上具有2~3个饱满芽；灌木插穗长度5~15 cm，粗度0.3~1.5 cm；针叶树种插穗除下部插入基质部分的叶片去掉外，保留上部叶片。

6.1.3 插穗处理

插穗剪制后，按品系、粗度进行分级捆扎，及时扦插或妥善储藏。生根缓慢和难生根的树种，插穗可用水浸、沙藏进行催根；或采用生长激素进行催根处理，参考附录 E 进行。

6.1.4 扦插时间

以春季为主，在腋芽萌动前，土壤化冻 20~25 cm 时进行。有严重冻拔、土壤湿度大和质地黏重的圃地，适当晚插。

6.1.5 扦插密度

株行距，根据树种特性、土壤条件、作业方式和抚育工具而定，采取单行式或多行带式，单位面积上扦插株数，比计划产苗量多 5 %~10 %。

6.1.6 扦插方法

宜采取直插覆膜法。插前圃地灌足底水，干湿适宜时进行扦插。扦插深度，根据树种和土壤、气候条件确定，大多数树种插穗上端露出地面 1~2 个芽；质地黏重的圃地，插穗上端的芽苞不可埋入土中；干旱风沙区，插穗上端与地面平齐。插后踏实插缝，插穗在土壤中不悬空，随即灌水覆膜。

6.2 嫩枝扦插

6.2.1 种条采集

宜从采穗圃或种源清楚的中幼年母树上采集当年生生长健壮、半木质化、无病虫害的枝条。采条适宜期为 6—7 月，早晨或阴天进行。剪下的枝条立即放在水桶中并覆盖遮阳，防止失水萎蔫。

6.2.2 插穗剪制

从种条的悄段剪制插穗，长度 10~15 cm，粗度大于 0.3 cm。剪穗时，上端距芽 1 cm 处平剪，下端紧靠节斜剪，呈马耳形，切口要平滑。插穗上至少有 2 个节间，具有 2~3 个饱满芽。除下部插入基质部分的叶片须除去外，针叶树种尽量保留上部叶片，阔叶树种顶端保留 1~3 个叶片。

6.2.3 插穗处理

同 6.1.3。

6.2.4 扦插时间

随采条、随剪穗、随扦插。宜在上午 10：00 前、下午 17：00 后或阴天进行。

6.2.5 扦插密度

同 6.1.5。

6.2.6 扦插方法

宜采用直插法。扦插深度因树种及枝条长短不同而异，一般为穗长的1/3～1/2。插后在未成活前圃地要经常保持湿润，宜采用自动间歇喷雾保持插穗叶面湿度和降温。

6.3 插根育苗

6.3.1 种根采集

从幼壮年树木的侧根或苗圃起苗时切断和修剪下来的侧根中采集无病虫感染的种根。采根时间在晚秋或早春。秋冬采集的种根，按品系、粗细分级，放于室内沙藏或窖藏；春季采集的种根，随采随用。

6.3.2 插根制作

随扦插，随剪截。长度10～20 cm，粗度0.5～2 cm，上端剪成平口，下端剪成马耳形、楔形、平形等，剪口平滑，无机械损伤。珍稀树种可用细根段，粗度为0.1～0.2 cm，长1 cm左右。

6.3.3 插根处理

同6.1.3。

6.3.4 根插时间

同6.1.4。

6.3.5 根插密度

同6.1.5。

6.3.6 插根方法

采用大田垄作或平作，分直插和平插。根据计划株行距，定点挖穴，直插时，将插根直插穴的中央，切口不倒置，上端切口和地面平或露出地面1～2 cm，填土按紧，再用虚土封实。如分不清根的上、下端可平埋于土中。根插后如底墒差应及时适量灌水。

6.4 主要造林树种扦插育苗技术

主要造林树种扦插育苗简要技术参见附录F表F.2。

7 嫁接育苗

7.1 砧木选择

7.1.1 一要与培育目的树种（接穗）有良好的亲和力；二要选抗逆性强适应栽培地区的环境条件；三要对栽培目的树种或品种的发育无不良影响；四要具有符合栽培要求的特殊性状，如矮化或抗某种林业有害生物等；五要容易繁殖。

7.1.2 一般阔叶树砧木选1～2年生苗、针叶树砧木选2～4年生壮苗，大规格高干嫁接育苗可选用胸径3 cm以上苗木作砧木，某些种粒大的树种，如核桃可用芽苗作砧木。

7.2　接穗采集

从采穗圃或品种优良的壮龄母树外围选择生长健壮的当年生发育充实的枝条。夏季芽接的接穗，随采随接；枝接的接穗，可在秋季落叶后采集，采后可直接在低温（-5~0 ℃）湿润处沙藏，亦可蜡封接穗，并按一定数量装入塑料袋，冷库保存，防止失水、霉烂和发芽。

7.3　嫁接方法

根据树种特性、嫁接时间和培育目的，常用的方法是芽接和枝接。

a. 芽接。一般在4月下旬至9月上旬均可进行，因树种不同，芽接选用的最佳时间不同。芽接穗枝宜取用当年生枝条，随接随采，并立即剪去叶片，保留叶柄，保鲜保存。若采用带木质部芽接，可用休眠期采集的一年生枝的芽。

b. 枝接。多在春季进行，一般在砧木的树液开始流动时为好，但树种不同适宜时期也有差别。穗条的保存宜低温、湿润，保持穗芽处于不萌动状态。枝接方法有劈接法、切接法、插皮接法、切腹接法、插皮腹接法、合接与舌接法、髓心形成层对接法、靠接法和绿枝接法（嫩枝接）。

7.4　主要造林树种嫁接育苗技术

7.5　主要造林树种嫁接育苗简要技术参见附录F表F.3。

8　大苗培育

8.1　移苗定植

8.1.1　移植苗龄

苗木开始移植的苗龄，视树种和苗木生长情况确定。速生的阔叶树，播种后第二年即可移植；苗期生长较慢树种，第二年可移栽，也可第三年再移植。同一种苗木由于培育环境的差异，幼苗的年生长量不同，视苗木生长情况确定移植苗龄。

8.1.2　移植时间

春秋两季均可，以春季为主。春季在土壤解冻后、苗木未萌动前进行，秋季在土壤结冻前进行。早发芽的树种先移，晚发芽的树种后移。针叶常绿树在夏季多雨时移植较好。移植在阴雨天或早、晚进行为宜。

8.1.3　移植苗准备

移植前起苗。落叶乔灌木，根系要大，尽量保留须根，修剪过长的主侧根、劈裂根、带有害生物根，对树冠侧枝要适当短截或截杆，小苗要蘸泥浆；针叶树要带土球。剔除发育不健全、严重机械损伤，有病虫害和无顶芽（针叶树）的苗木。然后，按苗木大小分等级包装。

8.1.4 移植苗运输

运输中要注意保湿，裸根苗木要避免蹭皮，不能及时栽植的要进行假植；带土球苗要轻装轻卸，避免散坨。

8.1.5 移植密度

根据树种特性和培育年限而定。一般单位面积上定植的株数要比计划产苗量多5%~10%。苗期生长快的树种移栽密度要小一些，苗期生长慢的树种移栽密度可大一些，预留出苗木2~3年的生长空间。采用机械化作业的苗圃，移栽苗的行距要考虑机具的作业范围。

8.1.6 移植技术

根据苗根类型、大小，分别采用沟植、缝植或穴植。裸根苗栽正、踏实、不窝根；土球苗埋土前解开包装物再埋土，沿土球外侧进行踩实，避免破坏土球。移植深度一般比原土痕略深1~2 cm。栽植大苗可立支柱支撑。做到分级栽植，栽后苗木整齐，地面平整，及时灌水。

8.1.7 移植次数

根据苗木用途确定移植次数，对于小规格的灌木、造林用的小乔木及速生树种只进行一次移植；对于常绿树、慢长树、珍贵大苗及大规格果树苗木须进行2次以上移植。培育绿篱等小规格苗木移栽的次数要少一些。培养行道树苗木、风景园林苗木等，要移植多次。

8.2 根蘖苗归圃

8.2.1 根蘖苗采挖

8.2.1.1 采挖时期

宜在10月下旬落叶后到土壤结冻前，或翌春发芽前起挖根蘖苗。

8.2.1.2 采挖方法

在没有检疫病虫害的圃地或园内采挖。应严格区分根蘖的形态特征，防止树（品）种混杂。采挖时选茎干成熟度高，发育良好的根蘖，挖好侧根，并尽可能带一段15~20 cm长的母根及全部须根。

8.2.1.3 根蘖苗处理

挖出后地上部留5 cm剪去苗梢，然后蘸泥浆或生根剂，生根剂的使用参见附录E。

8.2.1.4 包装运输

运输前要用塑料袋包装，并在袋中填放湿锯末等保湿运输。

8.2.2　归圃栽植

8.2.2.1　栽植时期

以随起苗随栽植为宜，也可假植等到翌春 3 月中旬至 4 月上旬栽植。

8.2.2.2　栽植密度与方法

一般按行距 60～100 cm，株距 20～25 cm 栽植。栽植深度为超过原土印 1 cm，栽后踏实。

9　苗期管理

9.1　撤除覆盖物

有覆盖物的育苗地，当幼苗出土 30 % 左右时，开始逐次撤去覆盖物，待幼苗大量出土（出土数量达 60 %～70 %）时，应撤去全部覆盖物。

9.2　间苗

播种苗根据树种、幼苗生长发育状况和培育目标，需要进行间苗。针叶树种在幼苗出齐 15 d 左右进行第一次间苗，以后根据幼苗生长情况进行第二、第三次间苗和定苗，最后一次不晚于 6 月底；阔叶树幼苗展开 2～4 个（对）真叶时进行第一次间苗，并尽量一次间完。间苗要在土壤湿润、疏松时进行，间小留大，间病留好，间弱留壮，间密补稀。

9.3　定苗

播种苗应在幼苗期的后期进行定苗。定苗不宜过晚，分布均匀。单位面积上保留的株数比计划产苗量多 5 %～10 %。参考附录 F 中的合理密度。

9.4　剪砧

嫁接苗成活后，及时解除绑扎物，在接口上方 1～2 cm 处剪掉砧干。

9.5　除萌

嫁接苗，要及时抹除砧木上的萌芽，全年一般除萌 3～4 次，直到砧木上无萌芽为止。平茬苗，当幼苗长到 10 cm 时选留一健壮枝作主干，除去其余蘖条，幼苗进入速生期，对苗木的萌蘖要及时清除。

9.6　抹芽

9.6.1　嫁接苗，在嫁接成活后，于新芽达到一定高度时进行抹芽定苗。阔叶乔木树种苗木一般选留生长健壮且部位较低的 1 个芽作为苗干培养，抹去其他所有芽，如苹果、毛白杨等；灌木树种根据培育分枝数，可不抹芽定苗，或者可留 2 个以上芽，如榆叶梅、贴梗海棠等。

9.6.2　扦插苗，在苗高 5 cm 时进行抹芽定苗。阔叶乔木树种苗木一般选留生长健壮且部位低的新梢 1～2 个，其余的芽全部抹除。当苗高 10～15 cm 时从保留的 2 个新梢中选留 1 个新梢进行抹芽。翌年 4 月下旬，在苗干上的新梢长至 3~5 cm 时，根据苗干培育高度及苗木生长等情况对苗干上的新梢进行抹除，如新疆杨、旱柳等。

9.6.3 移植苗，苗木成活后，于每年春季，将苗干预留分枝点以下的萌芽在没有形成木质化之前全部抹掉，连续抹芽 3~4 次，如白蜡、国槐等。

9.7 摘心

部分落叶树种的播种苗和扦插苗，宜在秋季对没有木质化的枝条进行摘心，以防冬春苗木抽干，如刺槐、国槐等；经济林嫁接苗木在生长期进行摘心，如苹果、红枣、桃树等在苗高 80 cm 时进行摘心；园林绿化高干嫁接苗木，在新梢长至 30 cm 时进行第一次摘心，当发出的二次新梢长至 20 cm 时进行第二次摘心，以防风害折断，如金叶榆、香花槐等；其他树种苗木可根据苗木用途、培养造型等适时摘心。

9.8 平茬

移植苗（包括乔木与灌木树种），在移植当年或移植后 2~3 年内，可从根颈处全部剪截去上面的枝条。平茬宜在春季树液流动前进行。部分树种留床苗亦可进行平茬，如杨树。

9.9 截杆

主干不易通直的阔叶树种可在育苗 1~2 年后采取截干措施，培养通直干形。截干宜在春季苗木生长前进行，从苗木开始弯曲的地方剪断主干，待发出新枝后，选择一个垂直向上的枝作新的主干。

9.10 截根

主根发达、侧根少、不准备移植的播种苗，可进行截根。截根时间和深度根据树种特性和苗木生长发育情况确定。针叶树 1~2 年生留床苗宜在早秋或翌春进行，截根深度 10~15 cm；阔叶树宜在幼苗期进行，截根深度 8~12 cm。截根后及时镇压、灌溉。

9.11 扶正支撑

对易倒伏、嫁接易劈裂和匍匐攀援类的苗木，宜采用立柱或支架进行绑缚支撑，以防倒伏或新梢被风刮劈裂。

9.12 修剪

9.12.1 修剪时间

9.12.1.1 冬季修剪

在当年的 12 月至翌年的 3 月进行，主要以整形为主。伤流严重的树种可在发芽后修剪。

9.12.1.2　夏季修剪

主要以疏除过密枝、徒长枝及根蘖等为主。

9.12.2　修剪方法

育苗过程中主要的修剪作业包括：移植修剪、出圃修剪、嫁接砧木修剪、保养夏季修剪、冬季整形修剪等。常用的方法有短截、疏剪、缩剪和长放，应根据不同的作业种类选择合适的修剪方法。

9.13　遮阳

对耐阴性强，易受日灼、干旱为害的播种苗、嫩枝扦插和常绿树种硬枝扦插苗，在幼苗生长初期，高温季节，分不同情况架设遮阳棚对幼苗进行遮阳，透光度 50 %~60 %。在苗木速生期，分批撤除。

9.14　降温

有些树种在幼苗期组织幼嫩，不能忍受地面高温的灼热，在高温时期可采取灌水降低地表温度、间歇喷雾等降温措施，防除日灼为害。

9.15　灌溉

9.15.1　灌溉方法

根据苗圃的自然、经营条件，采取喷灌、浇灌、沟灌、滴灌等方法，将水分均匀地灌溉到苗木根系活动的土层中。

9.15.2　灌溉时间

9.15.2.1　地面灌溉宜在早晨或傍晚进行。

9.15.2.2　用喷灌降温时宜在高温时进行。

9.15.2.3　间苗和定苗后及时灌水。

9.15.2.4　苗木移植完成后及时灌水，而且要保证前三遍水。

9.15.2.5　苗木追肥后及时适量灌水。

9.15.2.6　苗木截根后及时镇压灌溉。

9.15.2.7　多数苗木要在霜冻前 40~50 d 停灌。对于一些抗寒性比较差的树种，在 8 月上旬停止灌水。

9.15.2.8　在苗木嫁接及秋季掘苗前，可提前 1~2 周灌一次浅水。

9.15.2.9　土壤封冻前灌冬水，早春灌发根、萌芽水。

9.15.3　灌溉用量

9.15.3.1　湿生、阳性树种苗木宜勤灌，旱生树种苗木宜少灌或不灌。

9.15.3.2　出苗期（特别是幼苗出土前）适当控制灌溉，保持土壤湿润。

9.15.3.3　苗木生长初期（特别是保苗阶段）少量多次灌溉，不大水漫灌。

9.15.3.4　苗木速生期多量少次灌溉，每次均匀灌透。

9.15.3.5 苗木生长后期（进入封顶期）控制灌溉，除特别干旱外，不必灌溉。

9.15.3.6 冬水灌足，开春头水浅灌。

9.16 排水

对播种苗或怕水淹的树种，及时排除积水，做到内水不积，外水不进。

9.17 追肥

9.17.1 肥料

以速效无机肥料为主，苗木生长初期，以施磷、氮肥为宜；苗木速生期，以施氮肥为宜；速生期后期，以施磷、钾肥为宜，肥料见附录 G 的表 G.2。适量施用微生物肥料，见附录 G 的表 G.3。

9.17.2 施肥时间

第一次追肥，多在苗木生长侧根时进行，最后一次追肥不能晚于 8 月上旬。

9.17.3 施肥次数

根据不同树种决定追肥次数。针叶树每年追肥 3~4 次，阔叶树每年追肥 2~3 次。

9.17.4 追肥数量

根据树种、育苗方法和土壤肥力确定追肥用量。

9.17.5 追肥方法

9.17.5.1 撒施

宜用于播种苗。肥料用细土拌匀，在雨前或灌水前施，施后立即用细树枝轻扫苗木震落肥料。

9.17.5.2 沟施

在苗木行间开沟，施入肥料，然后覆土。

9.17.5.3 穴施

宜在苗木根际周围挖穴，将肥料施于穴内，然后覆土。

9.17.5.4 水施

用水将肥料稀释后，均匀喷洒于苗床上（喷洒后用水冲洗苗株）或浇灌于苗行间。水施以阴天或傍晚施用为宜。

9.17.5.5 根外追肥

把稀释的肥液均匀喷施在苗木叶片上。扦插苗木在生根前，可每隔 5~7 d，喷施 0.1%~0.2% 的磷酸二氢钾、ATP 生根粉、尿素或过磷酸钙溶液，促进生根。

9.18 松土除草

9.18.1 苗期松土、锄草可结合灌水或雨后进行。土壤黏重板结、气候干旱、水源不足的圃地，勤锄草、勤松土，保持土壤疏松、无杂草。

9.18.2 松土结合人工、机械除草进行，降雨、灌溉后及时松土。松土要全面、逐次加深，不伤苗干和根系，不压苗。

9.18.3 一年内除草次数，床作苗7~10次；垄作或移植苗3~5次。辅助用地和圃地周围的杂草均要除净，尤其是在杂草种子成熟前，彻底除草一次。人工除草在地面湿润时连根拔除。使用除草剂灭草，首先要符合环保要求，并经试验后使用。苗圃常用除草剂参见附录H表H.3。

10 灾害防治

10.1 有害生物防治

10.1.1 做好预测、预报，对可能发生的有害生物做好预防，对已经发生的及时除治。

10.1.2 加强检疫，发现病虫害感染严重和属于检疫对象的要立即烧毁，防止蔓延；搞好苗圃环境卫生，实行合理轮作，加强肥水管理，增强苗木抗性。

10.1.3 对捕杀、诱杀有效的害虫，用人工和光、电、热等办法捕杀、诱杀。

10.1.4 使用药物防治，正确选用农药品种、剂型、浓度、用量和施用方法，做到既经济，又能最大限度地发挥药效，又不产生药害，同时对环境污染最轻。防治病虫害常用药剂参见附录H表H.1和表H.2。

10.1.5 根据苗木种类和病虫害、天敌之间的相互关系，积极应用和推广生物防治。

10.2 其他灾害预防

10.2.1 防鸟兽：播种苗，在幼苗出土期要防止鸟害；苗圃发生鼠、兔危害，可人工捕杀和毒饵诱杀。

10.2.2 防干旱：雨季前深耕蓄水，秋后耙地保墒，早春压地提墒；采用低床，地膜覆盖；适时早播，适当深播，播后镇压提墒；苗木生长期，勤松土除草，加强水肥管理等。

10.2.3 防生理干旱：易发生生理干旱的树种，应灌足冬水，春季土壤化冻后及时灌一次透水。

10.2.4 防霜冻：不耐霜冻的苗木，采取适时晚播、霜冻来临前浇水、架设暖棚、地膜覆盖、熏烟等措施。已受霜冻的苗木，日出前浇水缓苗。

10.2.5 越冬防寒：不耐寒的苗木，封冻前灌足底水，并根据树种特性、苗木大小分别采取埋土、铺地膜、搭风障、塑料棚、涂白等措施防寒越冬。

10.2.6 防风沙：易受风沙危害的苗圃，要设置防风障。

10.2.7 防火灾：及时清除苗圃内枯枝落叶，预防火灾发生。

11 苗木调查

参照 GB/T 6001—1985 的附录 F 进行。填写苗木产量和质量调查表，参见附录 I。

12 苗木出圃

12.1 起苗

12.1.1 起苗时间宜与造林季节相配合。一般情况下，在秋季苗木生长停止后和春季苗木萌动前起苗，随起随栽，常绿针叶树雨季造林时，随起苗随造林。特殊情况下可进行生长季起苗。

12.1.2 起苗要根据树种的特性，掌握深度和幅度。做到少伤侧根、须根，保持根系完整和不折断苗干，针叶树等不伤顶芽。针叶树及大规格苗木要带土球并包装，土球直径一般为苗木地径的 8~10 倍。

12.1.3 大规格苗木在移植前一年宜提前断根，断根时应以树干为中心，以胸径的 8~10 倍为半径，挖 30~40 cm 的环状沟，切断较粗的根。

12.1.4 大规格苗木起苗出圃要随挖、随包、随运、随栽。

12.2 质量分级

起苗后要立即在蔽荫无风处选苗，剔除病苗、废苗，修剪过长的主根和侧根及受伤部分。分级按 DB64/T 423—2013 规定进行。达到 II 级以上标准的苗木才能出圃造林；II 级以下苗不能出圃，需要换床再培育，达到标准后方可出圃。凡带有病虫害的苗木要及时烧毁；根系发育不全、有严重机械损伤及针叶树种缺顶芽或双顶芽的苗木，均须剔除，不得用于造林和换床。

12.3 假植

不能及时移植或包装运往造林地的苗木，要立即临时假植；秋季起出供翌春造林和移植的苗木，选地势高、背风、排水良好的地方越冬假植。假植后，土壤较干要适当浇水，覆土下沉要及时培土，发现苗木发热要立即挖出另行假植。经常检查，防止苗木风干、霉烂和遭受鼠、兔危害。在风沙大地区，假植场地四周设置防风障。

12.4　检疫

苗木出圃前要按照相关规定进行植物检疫。

12.5　包装

根据苗木种类、大小和运输距离，采取相应的包装方法。在包装明显处附以标签和质量合格证。苗木标签按照 LY/T 2290 的规定执行，苗木质量合格证按照 DB64/T 423—2013 的规定执行。

12.6　运输

运输装车时应将土球朝向车头，树冠朝向车尾方向码放整齐，裸根苗根系沾泥浆。运输途中保湿、降温、通风，防止日晒、发热和风干，到达目的地后立即解包假植或造林。

13　档案建设

按照 LY/T 2289 的规定执行。并填写苗木生产经营档案表，参见附录 J 表 J.1 和表 J.2。

附录 A

（资料性附录）

苗圃地耕地时间及深度

A.1　苗圃地耕地时间及深度

宁夏不同育苗地区分类按照 DB64/T 423—2013 地方标准中第 6 章的规定进行划分，各地区苗圃地耕地时间及深度参见表 A.1。

表 A.1　宁夏不同地区苗圃地耕地时间及深度

地区	树种	育苗方法	耕地时间	耕地深度（cm）	备注
引（扬）黄灌区（A）	新疆杨、河北杨、柽柳、垂柳、枸杞等	扦插	头年 10 月中旬至 11 月上旬 当年 3 月中下旬	30~35 25~30	耕后灌冬水 耕后作床
	国槐、刺槐、白蜡、臭椿、紫穗槐等	播种	头年 6 月中旬至 7 月下旬 头年 10 月中旬至 11 月上旬 当年 3 月中下旬至 4 月上旬 当年 5 月中下旬	25~30 20~30 20 20	深耕压青、晒垡 耕后灌冬水
干旱风沙区（B）	新疆杨、旱柳等	扦插	当年 3 月下旬至 4 月中旬	20~30	沙地不秋耕
	樟子松、刺槐、臭椿、沙枣、白榆、枣树、山桃、山杏、柠条、毛条、花棒、杨柴、沙冬青等	播种	头年 4 月下旬至 5 月上旬 当年 3 月下旬至 4 月上旬	20~25 20	耕后歇地 育苗前灌水后耕地
黄土丘陵半干旱区（C）	新疆杨、河北杨、旱柳等	扦插	当年 4 月上旬至 5 月上旬	25~30	
	油松、青海云杉、刺槐、国槐、臭椿、山杏、山桃、沙棘、柠条、毛条等	播种	头年 9 至 10 月 当年 4 月下旬至 5 月上旬 当年 3 月下旬至 4 月上旬	30~40 20~25 20	秋播深耕
六盘山半阴湿区（D）	华北落叶松、青海云杉、樟子松、油松、白桦、山杏、山桃、沙棘等	播种	头年 9 至 10 月 当年 4 月中下旬	30~40 20~25	秋耕后作床 春耕后耱平

附录 B

（资料性附录）

土壤消毒常用药剂

B.1　土壤消毒常用药剂

苗圃地土壤病虫害防控消毒常用药剂见表 B.1。

表 B.1　土壤消毒常用药剂

名称	使用方法	用途
福尔马林 （40%工业用）	常用浓度为 2%，用量 50 mL/m²，加水 5~10L，播前 10~20 d 均匀喷洒在苗床上，用薄膜或不透气的材料覆盖，播前 7 d 打开，药味散失后播种或扦插	灭菌，防治立枯病、褐斑病、角斑病、炭疽病等
硫酸亚铁 （2%~3% 工业用）	播前 5~7 d，2%~3% 的水溶液喷洒床面，用量 2~3 kg/m²；或将药剂研碎与细干土搅拌均用撒在土壤表面，然后浅翻、平整	灭菌，防治苗枯病、缩叶病、缺铁引起的黄化病等，提高土壤酸度
波尔多液	等量式（硫酸铜：石灰：水的比例为 1:1:100）波尔多液，用量 2.5 kg/m²，加赛力散 10 g 喷洒土壤，待土壤稍干即可播种或扦插	灭菌，防治黑斑病、斑点病、灰霉病、锈病、褐斑病、炭疽病等
高锰酸钾	播前 5~7 d，用 0.5% 的水溶液喷洒床面进行消毒	灭菌
多菌灵	50% 可湿粉，用量 1.5 g/m²，也可按 1:20 的比例配制成毒土，撒入土壤中	灭菌，可防治根腐病、茎腐病、叶枯病、灰斑病等
代森铵	50% 水溶代森铵 350 倍液，用量 3 kg/m²，浇灌圃地	灭菌，可防治黑斑病、霜霉病、白粉病、立枯病等
代森锌	80% 可湿性粉剂，用量 3~4.5 g/m²，混拌适量细土，撒入土壤中	灭菌
福美双	50% 可湿性粉，用量 0.3~0.6 g/m²，混拌适量细土，撒入土壤中	灭菌
敌克松	75% 易溶性粉剂 350~400 倍液洒在苗床上，或者 5% 颗粒剂，用量 0.8~1.0 g/m²，混拌适量细土，撒入土壤中	灭菌
退菌特	5% 易溶性粉剂 800~1 000 倍液洒在苗床上	灭菌
甲霜铜	50% 可湿粉，用量 0.1 g/m²，混拌适量细土，撒入土壤中	灭菌
生石灰	用量 22.5~37.5 g/m²，均匀翻耕在土壤中	灭菌、杀虫
辛硫磷	3% 颗粒剂，用量 6 g/m²；50% 粉剂，用量 2~3 g/m²，混拌适量细土，撒入土壤中	杀虫
敌百虫	25% 粉剂，用量 4.5 g/m²，拌土撒入土壤中	杀虫
硫酸锌（50%）	用量 2 g/m²，混拌适量细土，撒于土壤中，表面覆土	杀虫
西维因	播前 7 d 施 5% 粉剂，用量 1.5~4.5 g/m²，拌成毒土，撒入土壤中	杀虫

附录C

(资料性附录)
种子消毒常用药剂

C.1 种子消毒常用药剂

林木种子消毒常用药剂见表C.1。

表C.1 种子消毒常用药剂

名称	使用方法	备注
硫酸亚铁	0.5 %~1 %的溶液浸种 2 h,捞出密封 30 min,用水冲洗后阴干	
高锰酸钾	0.5 %的溶液浸种 2~3 h,捞出密封 30 min,用水冲洗后阴干	胚根突破种皮的种子不宜用此法
硫酸铜	0.2 %~0.5 %的溶液浸种 2~3 h,用清水冲洗干净	播种前 3~5 d 进行
退菌特	80 %可湿性粉剂,800 倍液浸种 15 min	适用于播种时
敌克松	75 %可溶性粉剂拌种,用药量为种子重量的 0.2 %~0.5 %	
苏打粉	1 %的溶液浸种 1~1.5 h,用清水冲洗干净	多用于针叶树种
石灰水	1.2 %的溶液浸种 24~36 h,捞出密封 30 min,用水冲洗后阴干	
福尔马林	0.3 %的溶液浸种 2~3 h,用清水冲洗干净	根据树种不同药剂浓度不同

附录 D

（资料性附录）

种子催芽方法

D.1 种子催芽方法

林木种子常用催芽方法见表 D.1。

表 D.1 种子常用催芽方法及技术要求

催芽方法		技术要求	适用树种
层积催芽法	混沙埋藏	沙与种子的体积比为 2:1 或 3:1，沙的含水量为饱和含水量的 60%； 在地势较高、通风良好、排水通畅处挖坑层积，在室内用容器，温度控制 0~5 ℃，极少树种可达 6~10 ℃，要经常检查温度； 用冷水或温水浸种，使种皮吸水膨胀后，再层积； 覆盖的沙子不宜过厚，每隔 0.7~1 m 设 1 个通气孔，防止霉烂； 层积时间长短，视树种决定； 播种前一周检查种子，如果尚未露白，移于温度 20 ℃左右处催芽； 裂口露白的种子有 1/3 以上，即可播种	油松、白皮松、华山松、华北落叶松、侧柏、桧柏、白蜡、蒙古栎、栾树、核桃、火炬、苹果、山桃、山杏、酸枣等
	混雪埋藏	雪与种子的比例为 3:1； 冬季下雪以后不融化时（头年 12 月至翌年 1 月）即可进行雪藏； 室外要选择地势较高，背阴避风，排水良好处挖坑； 储藏种子可放在室内，要保持在 0 ℃以下； 要经常检查种子，特别是春季更要注意安全检查； 防止鼠害，播种前分期分批拿出后进行播种	华北落叶松、油松、樟子松、青海云杉等
水浸催芽	温水浸种	用 40~50 ℃的温水； 浸种 1~2 d，每天换水 1~2 次，水面要高出种子 10 cm 以上； 种皮吸水膨胀后捞出摊于容器中，置于 20 ℃左右处催芽； 露白的种子占一半以上时可以播种	臭椿、白蜡、紫穗槐、侧柏、油松、华山松、华北落叶松等
	热水浸种	用 80~90 ℃的热水； 将水倒入容器内，边倒种子边搅拌，倒完种子，水面高出种子 10 cm； 在大部分种子膨胀后，筛出尚未膨胀的种子，再用热水反复浸种，直至绝大部分种子膨胀为止； 将膨胀的种子摊于容器中，置于 20 ℃左右处催芽	刺槐、国槐、沙棘等
	淋种催芽	对水浸后的种子，可进行淋种催芽； 将种子放入麻袋中保湿，放温暖处； 每天淋水 2~3 次； 有 1/3 以上种子露白，即可播种	刺槐、国槐、臭椿、紫穗槐等

附录 E

（资料性附录）

常用催根药剂

E.1　常用催根药剂

林木育苗常用促进生根的药剂见表 E.1。

表 E.1　常用生根剂及使用方法

名称		溶解	用途	使用方法
ABT 生根粉	ABT1 号	醇溶	用于难生根及珍贵树种的扦插育苗	一般用 100 mg/kg 浸条 2~8 h，浸泡深度 2~4 cm，1 g 生根粉可处理插条 3 000~5 000 根
	ABT2 号	醇溶	主要用于较容易生根树种的扦插育苗	一般用 50 mg/kg 浸条 2~4 h，1 g 生根粉可处理插条 3 000~5 000 根
	ABT3 号	醇溶	主要用于苗木移栽和播种育苗	一般用 25 mg/kg 浸根、浸种 0.5~2 h，或拌种后闷种 2~4 h，大苗用 50 mg/kg 浸根 1~2 h，带土苗用 10 mg/kg 灌根
	ABT6 号	水溶	用于扦插育苗、播种育苗和苗木移植	扦插育苗一般浓度为 50~100 mg/kg 浸条 4 h；播种育苗一般用 20~30 mg/kg 浸种 12 h；移植苗木一般用 20 mg/kg 浸根 3 h 或直接喷根
	ABT7 号	水溶	扦插育苗	一般用 20~50 mg/kg 浸条 2~12 h
吲哚丁酸（IBA）		醇溶	硬枝或嫩枝扦插	低浓度处理硬枝为 10~30 mg/kg，处理嫩枝为 5~20 mg/kg 浸泡 6~24 h；高浓度 1 000 mg/kg 速蘸 5~10s
吲哚乙酸（IAA）		醇溶	硬枝或嫩枝扦插	常用的高浓度是 800~1 000 mg/kg 速蘸 5~10s。低浓度处理硬枝时为 20~30 mg/kg，处理嫩枝时为 10~25 mg/kg
萘乙酸（NAA）		醇溶	硬枝或嫩枝扦插	常用的高浓度是 1 000~1 500 mg/kg 速蘸 5~10s；低浓度处理硬枝时为 30~50 mg/kg，处理嫩枝时为 20~30 mg/kg，浸泡 10~15 h
蔗糖		水溶	扦插	用 1 %~10 %的水溶液浸条 12~24 h
双吉尔（GGR）	GGR6 号	水溶	浸种、扦插、移栽	易生根树种用 30~50 mg/kg 浸条 1~2 h，难生根树种用 100 mg/kg 浸条 4~8 h。播种育苗用 10~40 mg/kg 浸种 2~4 h，难发芽的种子浸 4~24 h；移栽用 25~50 mg/kg 浸根 0.5~2 h 或喷根后闷 0.5 h 或 10~15 mg/kg 栽后灌根
	GGR7 号	水溶	扦插	用于扦插育苗一般用 50~100 mg/kg 浸条 2~12 h，生长期喷叶 2~3 次；播种育苗和移植用 20~50 mg/kg 浸种 2~24 h，浸根 0.5~2 h
	GGR8 号	水溶	浸种或移栽	一般用 20~40 mg/kg 浸种 1~14 h；移栽时用 10~20 mg/kg 浸根 10~30 min

园林绿化特色苗木繁育栽培技术与应用

附录 F

（资料性附录）
主要造林树种简要育苗技术

F.1 播种育苗树种育苗技术

宁夏地区主要造林树种其中可采用播种育苗的树种及其简要的育苗技术见表 F.1。

表 F.1 主要造林树种播种育苗技术简表

树种	种子大小	千粒重（g）	耗损系数	播量（kg/hm²）	种子处理	适宜育苗时间	作业方式	当年成苗量（万株/hm²）	备注
油松	小粒种子	34~49	2	225~300	雪藏、沙藏、温水浸种	春播和秋播	垄作、条播	200~250	两年半可移植
华北落叶松	小粒种子	5.3~6.9	4	150~225	沙藏、温水浸种	4月下旬	高床、条播	270~330	两年换床移植
青海云杉	小粒种子	3.6~4.6	4	225~300	雪藏、温水浸种催芽	4月中旬	床作、条播	500~675	三年换床移植
樟子松	小粒种子	5.4~10	2.8	75~112.5	雪藏、沙藏	4月上中旬	低床、条播	300~360	两年换床移植
华山松	中粒种子	260~320	1.5	900~1 125	温水浸种沙混沙催芽	3月下旬至4月上旬	床作、条播	105~120	当年可移植
侧柏	小粒种子	21~22	2	112.5~187.5	温水浸种催芽	3月下旬至4月上旬	垄作、条播	220~250	当年可移植
桧柏	小粒种子	16	2	150~187.5	沙藏	3月中旬	平作、条播	220~250	三年换床移植
沙枣	中粒种子	250~380	1.5	300~450	秋播种子不用处理，春播种子清水浸种	秋播冬灌前，春播3月上旬	畦作、平作、条播	45~60	半年可出圃

· 160 ·

表F.1（续）

树种	种子大小	千粒重(g)	耗损系数	播量(kg/hm²)	种子处理	适宜育苗时间	作业方式	当年成苗量(万株/hm²)	备注
白榆	小粒种子	7.7	5	37.5~75	随采随播	5月中下旬	低床、条播、撒播	30~37.5	半年可出圃
国槐	中粒种子	120~150	2	112.5~187.5	热水浸种	3月中旬至4月上旬	平作、条播	15~22.5	移植培育大苗
丝棉木	小粒种子	26~30	3	75~120	层积催芽	4月下旬至5月上旬	低床、条播	37.5~45	一年苗可移植
刺槐	小粒种子	20~22	3	30~60	热水浸种	4月中下旬	床作、条播	20~28	可平茬越冬
白蜡	小粒种子	28~29	3	45~60	秋播种子不处理，春播温水浸种混沙催芽	秋播冬灌前，春播4月中旬	平作、条播	25~40	一年生苗可移植
臭椿	小粒种子	32	3	60~90	温水浸种混沙催芽	4月中旬	平作、条播	12~15	第二年截杆
蒙古扁桃	大粒种子	480	2	300~450	秋播、温水浸种；春播温水浸种后混沙催芽	秋播11月上旬，春播4月初	垄作、沟播	24~30	两年出圃
白桦	极小粒种子	0.25~0.45	17	225~300	清水浸泡，室内催芽	4月下旬至5月上旬	高床、条播、撒播	450~750	苗期遮阳
紫穗槐	小粒种子	9~12.5	12	45~60	温水浸种	3月上中旬	平作、条播	30~60	出苗期防板结
山杏	大粒种子	1000~1400	2	750~1125	沙藏、温水浸种，秋播种子不播	秋播11月上旬，春播3月中旬	平作、开沟点播	60~75	当年秋季可嫁接
山桃	特大粒种子	1100~2000	1.5	900~1200	沙藏、秋播种子不处理	秋播10月下旬，春播3月中旬	平作、开沟点播	30~45	当年秋季可嫁接
柠条	小粒种子	32~38	5	22.5~30	温水浸种	春播或夏播	床作、条播	120~150	苗期不宜多灌水
毛条	小粒种子	45~60	5	30~45	温水浸种	春播	床作、条播	100~120	当年秋季可出圃

表F.1（续）

树种	种子大小	千粒重(g)	耗损系数	播量(kg/hm²)	种子处理	适宜育苗时间	作业方式	当年成苗量(万株/hm²)	备注
花棒	小粒种子	25~40	4.5	75~112.5	温水浸种后混沙催芽	4月上、中旬	平作、条播	25~35	当年秋季可出圃
杨柴	小粒种子	8.5~15	5	75~120	温水浸种后混沙催芽	4月下旬至5月中旬	平作、条播	75~120	翌春可出圃造林
沙棘	小粒种子	7~10	5	75~90	温水浸种后混沙催芽	3月中下旬	床作、条播	30~38	播幅要宽
梭梭	小粒种子	3~3.5	4	60~90	当年种子，浸种，拌沙	3月中旬至4月中旬	平作、条播	225~300	浇水盖草或覆沙盖草
酸枣	中粒种子	338	2	穴播225~300 条播300~375	混沙层积处理	4月中旬	穴播垄作 条播平作	穴播10~15 条播15~22.5	覆膜育苗
华北紫丁香	小粒种子	15	4	150~187.5	沙藏层积	3月中旬	高床、条播	50~75	覆盖地膜育苗
杜梨	小粒种子	14~15	4	15~30	混沙层积催芽	3月中旬	低床、条播	25~32.5	埋土越冬
枸杞	极小粒种子	0.83~1	15	1.5~4.5	温水浸泡	春、夏播，5月中旬	平床、条播	20~25	喷水防板结
核桃	特大粒种子	6 250~16 700	1~2	1 200~1 800	混沙层积催芽	秋播10月下旬，春播3月下旬至4月上旬	床作、点播	10~12	缝合线与地面垂直埋放
海棠	小粒种子	15.2~23.8	5	30~45	沙藏	3月中旬	低床、条播	20~25	破板结

F.2　扦插育苗树种育苗技术

宁夏地区主要造林树种其中可采用扦插育苗的树种及其简要的育苗技术见表F.2。

表F.2　主要造林树种扦插育苗技术简表

树种	插穗类型	插穗处理	作业方式	适宜育苗时间	株行距(cm×cm)	当年成苗量(万株/hm²)	备注
新疆杨	硬枝	清水浸泡5~7 d催根	垄作，直插，覆膜	3月下旬至4月上旬	25×50	7.5~9	移植后平茬
河北杨	硬枝	用100 mg/kg ABT1号生根粉浸泡6 h，倒置沙藏催根	畦作，直插，覆膜	4月底至5月初	20×40	10~12.5	移植后平茬
毛白杨	硬枝	经沙藏处理的插条用ABT1号生根粉50~100 mg/kg的溶液浸泡枝条下端2 h	畦作，直插，覆膜	3月下旬至4月上旬	40×50	5	扦插时，将插穗上部的第一芽露出地面
毛白杨	嫩枝	用50~100 mg/kg的ABT1号溶液浸泡插穗下端1~2 h，或用1 000 mg/kg吲哚丁酸速蘸3~5s	塑料小拱棚，低床或平畦，直插	5月底至6月底	5×10	200	插后保持叶片上有一层水膜，防止失水
旱柳垂柳	硬枝	清水浸泡24 h催根	垄作或平作，直插	3月中旬至4月上旬	(20~25)×50	8~10	插后灌水，抹芽
金叶榆	嫩枝	用500 mg/kg ABT1号溶液速蘸5s	畦作，直插，遮阴	5月上旬至7月上旬	5×10	200	随剪随处理随插
金叶榆	硬枝	用1 000 mg/kg ABT1号溶液速蘸5s	畦作，覆膜，直插	4月中下旬	15×50	11~13	
香花槐	插根	用500 mg/kg ABT1号溶液泡插根2 h	畦作，直插或理根，覆膜	3月下旬至4月中旬	(30~40)×(50~70)	5~6	随挖根随处理随插
香花槐	硬枝	用600 mg/kg ABT1号溶液泡2~4 h	垄作，以45°的倾角斜插	3月下旬至4月中旬	20×20	25	覆膜

表F.2（续）

树种	插穗类型	插穗处理	作业方式	适宜育苗时间	株行距(cm×cm)	当年成苗量(万株/hm²)	备注
柽柳	嫩枝	用800 mg/kg ABT1号溶液中速蘸5s	小拱棚、日光温室	5月下旬至7月下旬	5×10	200	可容器育苗
柽柳	硬枝	插穗底部1.5~2 cm用300~500 mg/kg的ABT1号溶液速蘸5~8 min，然后沙藏催根	高床或平床、覆膜、直插	4月中下旬	(8~10)×(25~40)	22.5~45	同上
沙地柏	嫩枝	一年生枝条，随采随插，插穗下切口在500 mg/kg吲哚丁酸溶液中速蘸	日光温室、小拱棚或营养袋	6月底至8月上旬	5×10	200	喷水、遮阳、炼苗
沙地柏	硬枝	二年生枝条，插穗长度20~30 cm，置室内或阴凉处，摊开喷水	同上	3月下旬至4月下旬	同上	同上	同上
枸杞	嫩枝	用950 mg/kg（丁酸650 mg和a-萘乙酸300 mg混合溶于1 000 mL水中）生根粉速蘸	日光温室、小拱棚、床作	7月下旬至8月下旬	10×10	100	随剪随处理随扦插
枸杞	硬枝	用100 mg/kg丁酸和a-萘乙酸各占一半的混合溶液浸泡插条4 h，电热温床催根或倒插催根方法	高床、覆膜	4月上中旬	5×50	40	苗高60~70 cm时摘心封顶
葡萄	嫩枝	用50~70 mg/kg吲哚乙酸液浸泡插穗基部6~8 h，或用1 000 mg/kg吲哚乙酸速蘸插穗基部5s	高床、遮阳	6至8月	(6~8)×(30~40)	30~40	随剪随插
葡萄	硬枝	插前清水浸泡24 h，电热温床催根	高床、覆膜、75°斜插	4月上旬	10×30	30	

F.3 嫁接育苗种树种育苗技术

宁夏地区主要造林树种其中可采用嫁接育苗的树种及其简要的育苗技术见表 F.3。

表 F.3 主要造林树种嫁接育苗技术简表

树种	嫁接方法	砧木	插穗	嫁接时间	株行距（cm×cm）	当年成苗量（万株/hm²）
苹果	"T"字形芽接	海棠、野苹果。宽窄行移植，基径 0.5～0.6 cm 时可嫁接。接后于翌年早春萌芽前剪砧	接穗为一年生枝条上的芽，在砧木苗地上部 10 cm 左右的光滑面处嫁接	7～9月，以 8 月为宜	窄行 15×20 宽行 15×50	9～15
葡萄	芽接	贝达、东北葡萄等抗寒砧木。二年生实生苗或一年生扦插苗	从半木质化的新梢上削取接芽	6 月上旬至 7 月上旬	(10～15) × (40～70)	10～22.5
	绿枝嫁接	同上。一年生或两年生扦插苗	选择半木质化嫩梢，剪成单芽段，剪除 3/4 或全部叶片，保留叶柄。采用劈接	5 月下旬至 7 月上旬	同上	同上
	硬枝嫁接	同上。一年生枝或带根苗木作砧木	一年生粗壮、充实、成熟的枝条，剪成单芽段，接穗长度要达 4～5 cm。采用单芽劈接法	3 月下旬至 4 月上旬	同上	同上
枣	劈接或舌接	酸枣。播种苗地径为 0.5 cm 以上，翌年嫁接	3 月上旬采集枣头的一次枝，去除二次枝和枣刺，截成 5～6 cm 长的单芽段，蜡封	4 月中旬至 5 月上旬	(15～20) × (40～70)	6～9

表F.3（续）

树种	嫁接方法	砧木	插穗	嫁接时间	株行距（cm×cm）	当年成苗量（万株/hm²）
	方块芽接	核桃、野核桃、核桃楸、枫杨等。嫁接部位直径达到1～1.5 cm	从叶柄较近的两侧将接芽切成长方形	5—6月	20×40	9～12
核桃	"T"形芽接	砧木同上。宜选用一年生或两年生苗	接芽饱满，芽片长3～5 cm，上宽1.5 cm左右，盾形带维管束。芽片隆起过大的不宜采用	同上	同上	同上
	劈接	核桃。适于3～5 cm粗，或树龄较大、苗干较粗的砧木	接穗带有2～3个芽，下端削成偏楔形，使有顶芽的一侧较厚，另一侧精薄	4月上旬至5月上旬	50×100	2
水曲柳	嵌芽接	白蜡。一年生实生苗，春季移植，平茬，覆地膜	1年生芽，芽体饱满，芽片2～3 cm长的盾片，在主风方向的两侧离地面5 cm处嫁接	8月中旬至9月中旬	30×70	45
香花槐	劈接	刺槐。地径1～2 cm在砧木根部地上5 cm处剪断，削平茬口，并覆黑色地膜	芽体饱满，具有2～3个饱满芽，穗长10 cm，穗粗0.7～1 cm	4月上旬至5月上旬	(20～50)×(40～100)	7.5～9

附录 G
(资料性附录)
苗圃常用肥料

G.1 常用有机肥

林木育苗常用有机肥见表 G.1。

表 G.1 育苗常用有机肥

名称	特征	使用方法	备注
人粪尿	含氮素较多，养分含量高，肥效快的有机肥料	可作基肥、追肥、沟施或穴施。基肥用量 7 500~15 000 kg/hm²，追肥用量 1 500~2 250 kg/hm²，稀释到 5 %~10 %施用宜与磷、钾肥配合施用，不能与碱性肥料(草木灰、石灰)混用，盐碱土尽量少施或不施	有机肥应腐熟后施用，以免灼伤幼苗，造成杂草和林业有害生物蔓延
畜禽粪肥	是猪、牛、马、羊等家畜和鸡、鸭、鹅等家禽的粪便，含有丰富的有机质和各种营养元素	适用于各种土壤，可用作基肥、追肥，基肥用量 30 000~45 000 kg/hm²，追肥用量 7 500~12 000 kg/hm²。牛粪一般只作基肥施用，禽粪最好作追肥施用	
厩肥	家畜粪尿和垫圈材料、饲料残渣混合堆积并经微生物作用而成的肥料	主要作基肥用，一般施有机肥 120 000~150 000 kg/hm²，秋施效果较春施好，撒铺均匀后耕翻，也可条施或穴施	
堆肥	由秸秆、绿肥、杂草、泥炭等与人粪尿、家畜粪尿、泥土等混合堆腐而成	作基肥，可沟施、穴施、撒施。施用量可根据肥源、地力、树种等条件而定	
绿肥	是将植物的绿色部分翻土中的肥料。常用绿肥植物有大豆、苕子、草木樨等	可作基肥或追肥。因品种不同而用量不同	
饼肥	是油料种子经榨油后剩下的残渣，可直接作肥料施用，肥效高，有一定后效	可作基肥和追肥，基肥用量 1 500~2 250 kg/hm²，施用前必须打碎，条施或穴施	
作物秸秆	含有 N、P、K、Ca、S 等营养元素	深埋发酵，作基肥	

G.2 常用无机肥

林木育苗常用无机化肥见表 G.2。

表 G.2 育苗常用无机化肥

类型	名称	主要成分及分子式	养分含量（%）	施用方法
氮肥	尿素	$CO(NH_2)_2$	N46	宜作追肥，用量20~40 kg/hm²，也可用作叶面施肥，喷施浓度为0.5%~2.0%
	碳酸氢铵	NH_4HCO_3	N17	宜作基肥、追肥。可穴施、沟施、环施、施后覆土。追肥用量200~300 kg/hm²。不能与碱性肥料（钙镁磷肥、草木灰、石灰等）混用，否则氮将挥发
	氯化铵	NH_4Cl	N25~26	宜作基肥，一般用量150~250 kg/hm²。对忌氯作物和盐碱地最好不用
	硝酸铵	NH_4NO_3	N34	多用作追肥，用量150 kg/hm²左右。在水多嫌气条件下施肥会损失氮素
	硫酸铵	$(NH_4)_2SO_4$	N20~21	可作基肥、追肥和种肥，一般用量150~200 kg/hm²。不宜与草木灰和石灰混用
	石灰氮	$CaCN_2$	N20~22	迟效肥料，呈强碱性，宜作基肥，用量80~200 kg/hm²。不宜作追肥和种肥，也不宜与腐熟的有机肥料或水溶性磷肥混合施用
磷肥	过磷酸钙（普钙）	$Ca(H_2PO_4)_2 \cdot H_2O + CaSO_4 \cdot 2H_2O$	$P_2O_5$12~20	基肥用量750 kg/hm²；追肥用量300 kg/hm²；种肥用量100 kg/hm²左右。追肥应尽量施在根系附近，具有改良碱性土壤作用
	重过磷酸钙（重钙）	$Ca(H_2PO_4)_2 \cdot H_2O$	$P_2O_5$46	用法与过磷酸钙大致相同，可作基肥或追肥，但用量减半
	钙镁磷肥	$Ca_3(PO_4)_2 + CaSiO_3 + MgSiO_3$	$P_2O_5$12~20	宜作基肥，用量300~700 kg/hm²。通常不能与酸性肥料混合施用，与普钙、氮肥配合施用效果比较好，但不能与它们混施
	磷矿粉	$Ca_3(PO_4)_2$	$P_2O_5$10~35	迟效性肥料，石灰性土壤施用效果差。宜作基肥，用量600~750 kg/hm²，与生理酸性氮肥、有机肥料混合堆腐后施用效果好。施后可隔1~2年再施

表G.2（续）

类型	名称	主要成分及分子式	养分含量（%）	施用方法
钾肥	氯化钾	KCl	K_2O 60	生理酸性速效肥料。除盐碱土外均可施用，作基肥，用量100 kg/hm²
	硫酸钾	K_2SO_4	K_2O 50	生理酸性肥料。宜在中性和石灰性土壤中施用，作基肥用量100～160 kg/hm²
	草木灰	K_2CO_3	K_2O 5~10	可作基肥、种肥和追肥，用量750～1 500 kg/hm²。土壤施用以集中施用为宜，条施和穴施均可，深度8～10 cm，施用前先拌2～3倍的湿土或施以少许水分喷湿后再用。不能与有机农家肥（人粪尿、厩肥、堆沤肥等）与铵态氮肥混合施用，也不能与磷肥混合施用
微肥	硼砂（硼肥）	$Na_2B_4O_7 \cdot 10H_2O$	B 11	对根、茎生长，组织发育和开花结实等均有重要作用。在中性和酸性的土壤中施用效果好，可作基肥、追肥、种肥，也可用作叶面施用
	钼酸铵（钼肥）	$(NH_4)_6Mo_7O_{24} \cdot 4H_2O$	Mo 54	可作基肥、追肥、种肥或叶面施肥。作种肥时用0.05 %～0.1 %的钼酸溶液浸泡12 h，阴干后播种。叶面施肥，喷施浓度为0.02 %～0.05 %，在苗期喷施1～2次效果好
	硫酸锰（锰肥）	$MnSO_2 \cdot 7H_2O$	Mn 24~28	可作基肥、追肥、种肥和叶面施肥。作基肥或追肥，用量15～60 kg/hm²，拌种时用4～8 g/kg硫酸锰，用少量水溶解后将种子拌匀，阴干后播种，用0.05 %～0.1 %溶液浸泡12～24 h，阴干后播种；浸种，浸渍浓度为0.05 %～0.1 %，宜反复多次效果好
	硫酸锌（锌肥）	$ZnSO_4 \cdot 7H_2O$ $ZnSO_4 \cdot H_2O$	Zn 23 Zn 25	易溶性锌肥或磷肥混合施用。可作基肥、追肥、种肥或叶面施肥。一般用量3.5～35 kg/hm²，拌种时，用量4～6 g/kg；浸种时用0.02 %～0.05 %溶液浸泡12 h，阴干后播种。叶面施肥喷施浓度为0.05 %～0.2 %。不宜与磷肥混合施用
	硫酸铜（铜肥）	$CuSO_4 \cdot 5H_2O$	Cu 25~28	可作基肥、追肥、种肥或叶面施肥。一般用量20～30 kg/hm²，可每隔3～5年用施1次。叶面施肥一般喷施浓度为0.02 %～0.04 %
	硫酸亚铁（铁肥）	$FeSO_4 \cdot 7H_2O$	Fe 19	在石灰性土壤上施用铁肥易被固定，应与有机肥混合施用。叶面施肥喷施浓度为0.2 %～1 %

表 G.2 (续)

类型	名称	主要成分及分子式	养分含量 (%)	施用方法
	硝酸磷肥	$CaHPO_4$ $NH_4H_2PO_4$ NH_4NO_3 $Ca(NO_3)_2$	N 20~26 P_2O_5 13~22	宜在酸性、中性土壤上施用。可作基肥、追肥，集中施用效果好。对豆科树种肥效不佳
	磷酸二铵	$(NH_4)_2HPO_4$	N 18 P_2O_5 46	作基肥、追肥，基肥用量 300~375 kg/hm²，追施用量 120~150 kg/hm²，深施。宜与钾肥 (氯化钾、硫酸钾) 配合施用，与尿素、硝铵、氯化铵可混施，不与草木灰、石灰等混用
复合肥	硝酸钾	KNO_3	N 13 K_2O 45	主要作追肥使用，一般用量 150~225 kg/hm²，兑水浇施
	磷酸二氢钾	KH_2PO_4	P_2O_5 24 K_2O 27	可作基肥、追肥和种肥。基肥，用量 120~150 kg/hm²，细土拌匀，耕翻时撒施；追肥，用量 4.5~10.5 kg/hm²，兑水 600~900 kg，浸种；叶面喷洒，0.2%水溶液浸泡种子 10~20 h 捞出阴干后播种，浓度为 0.8%~1%，叶面喷洒

G.3 微生物肥料

林木育苗常用微生物肥料见表 G.3。

表 G.3 育苗常用微生物肥料

名称	使用方法	备注
根瘤菌菌肥	适宜在中性到微碱性（pH 值为 6.5~7.5）的土壤上施用。多用于拌种，用量 200~400 g/hm²，加水混匀后拌种。施用时要防止阳光直射，播种后立即覆土	
固氮菌菌肥	适宜 pH 值为 7.4~7.6、田间持水量 60 %~70 %的土壤上施用。可作基肥、追肥、种肥，还可用来蘸根，用量 7.5 kg/hm² 左右	
磷细菌菌肥	在缺磷而有机质较丰富的土壤上施用较好，与磷矿粉配合施用效果好，结合堆肥使用效果较单施为好。作种肥，用颗粒肥料 15~22.5 kg/hm² 与种肥混合使用；作基肥，用颗粒肥料 15~22.5 kg/hm² 与其他肥料混合使用；蘸根，用颗粒肥料 30~45 kg/hm²，加水稀释成糊状蘸根；拌种，用颗粒菌肥 10.5~22.5 kg/hm²，加水 2 倍稀释成糊状，用液体菌肥 4~8 kg/hm²，加水 4 倍稀释搅匀，将菌液与种子拌匀，晾干后即可播种，防止阳光直接照射	不能单施，一定要与化肥和有机肥料配合施用
其他	如硅酸盐菌肥、抗生菌肥、复合微生物菌肥、VA 菌根菌剂等，可作基肥、追肥、种肥。根据产品说明书的用量施用	

G.4　各种肥料混合施用

林木育苗常用肥料混合施用方法见图 G.1。

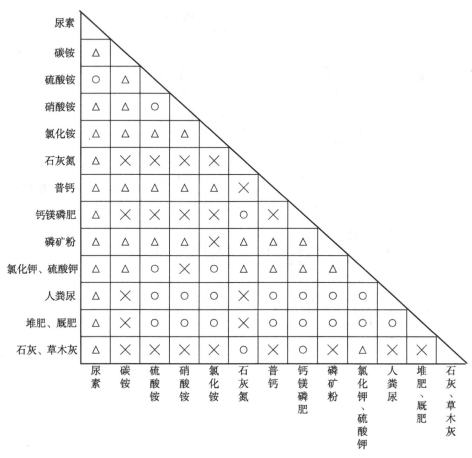

说明：

〇——表示可以混用；

△——表示随混随用；

╳——表示不可混用。

图 G.1　肥料混合施用示意图

附录 H

（资料性附录）

苗圃有害生物防治常用药剂

H.1 病害防治药剂

见表 H.1。

表 H.1　苗圃常用病害防治药剂及使用方法

名称	使用方法	防治对象
硫酸铜	100 倍液浇灌苗木根部	立枯病、菌核性根腐病
波尔多液	100~150 倍液，出苗后每 15~20 d 喷雾 1 次，连续 2~3 次	立枯病、叶枯病、赤枯病、白粉病、叶斑病、叶锈病、炭疽病等
硫酸亚铁	100~200 倍液，出苗后每 7 d 喷雾 1 次，连续 2~3 次	立枯病、炭疽病
石灰硫黄合剂	用波美度为 0.2°~0.3°合剂，出苗后每 7 d 喷雾 1 次，连续 2~3 次	立枯病、锈病、白粉病、煤污病
代森锰锌	70 % 可湿性粉剂 500~1 000 倍液，雨季前每 10~15 d 喷 1 次，连续 3~4 次	叶枯病、炭疽病、叶斑病、灰斑病、赤枯病
百菌清	75 % 可湿性粉剂 600~1 000 倍液，每 7~10 d 喷 1 次，连续 2~3 次	毛白杨褐斑病、黑斑病、炭疽病、白粉病、疫病；灰霉病、叶霉病等
多菌灵	50 % 可湿性粉剂 800~1 000 倍液，每 10~15 d 喷 1 次，连续 2~3 次	立枯病、白粉病、黑斑病、毛白杨褐斑病、锈病、炭疽病等
粉锈宁	15 % 可湿性粉剂 1 000~1 200 倍液，每 15 d 喷 1 次，连续 3~4 次	锈病、白粉病、炭疽病
退菌特	50 % 可湿性粉剂 800~1 000 倍液，每 10~15 d 喷 1 次，连续 2~3 次	炭疽病、白粉病、叶斑病、赤枯病、立枯病等

表H.1 （续）

名称	使用方法	防治对象
敌克松	70%可湿性粉剂800~1 000倍液，每10~15 d喷1次，连续2~3次	立枯病、炭疽病、菌核性根腐病等
甲基托布津	50%可湿性粉剂800~1 000倍液，每10~15 d喷1次，连续2~3次	溃疡病、叶斑病、白粉病、立枯病、菌核性根腐病等
敌锈钠	用原药200~250倍液喷雾，在孢子器形成破裂前，每15 d喷1次，连续2~3次	叶锈病
抗根癌菌剂	K84，按照说明书使用	根癌病

H.2 虫害防治药剂

见表H.2。

表H.2 苗圃常用虫害防治药剂及使用方法

名称	使用方法	防治对象
灭幼脲3号	25%悬浮剂1 500倍液，在害虫卵孵化盛期和低龄幼虫期，均匀喷雾	黏虫、松毛虫、柳毒蛾、槐尺蠖、刺蛾、杨扇舟蛾、美国白蛾、天幕毛虫等
溴氰菊酯	2.5%乳油或25 g/L乳油或2.5%可湿性粉剂或2.5%微乳剂1 500~2 000倍液，均匀喷雾	食叶甲虫类、蚜虫类、食心虫类、潜叶蛾类、刺蛾类、叶蝉类、毛虫类、尺蠖类、黏虫类、蝗虫类等
高效氯氟氰菊酯	4.5%或5%的乳油1 500~2 000倍液，在害虫发生初期，均匀喷雾	蚜虫类、斑潜蝇类、甲虫类、椿象类、木虱类、蓟马类、食心虫类、卷叶蛾类、毛虫类、刺蛾类等
苏金杆菌	BT（100亿芽孢/g），乳剂1 000~2 000倍喷雾，粉剂可喷雾	食叶害虫
乐果	40%乳剂，200倍液喷洒在苗木行间或800~1 000倍液喷雾	地下害虫、食叶害虫、蚜虫、介壳虫

表H.2（续）

名称	使用方法	防治对象
辛硫磷	50%乳油，制成毒土施入土中，或800~1 000倍液在傍晚喷雾	地下害虫、食叶害虫、蚜虫
杀螟松	50%乳油，1 000~2 000倍液喷雾	食叶害虫
吡虫啉	5%乳油，2 000~3 000倍液喷雾	主要用于防治剌吸式口器害虫，如蚜虫、食叶害虫、飞虱、粉虱、叶蝉、蓟马等
毒死蜱	40%乳油，200~400 mg/kg浓度药液灌根；或制成5%毒土撒在苗木根部后覆土，用毒土30~60 kg/hm²	多种咀嚼式和剌吸式口器害虫；地下害虫
松脂合剂	冬、春季休眠期，8~15倍液；夏、秋季20~25倍液喷雾	蚜虫、红蜘蛛、介壳虫、粉虱、螨类等
马拉硫磷	45%乳油，500~1 000倍液喷雾，喷液量1 125~1 500 kg/hm²	蚜虫、尺蠖、松毛虫、杨毒蛾等
黏虫胶	不同颜色，采用黏虫带、黏虫板或直接涂林树干	小卷蛾、透翅蛾、蓟马等
信息素	按照说明书使用	小卷蛾、透翅蛾、毒蛾等

H.3　杂草防治药剂

见表H.3。

表H.3　苗圃常用除草剂及使用方法

通用名称	商品名	性状	使用方法	剂型	用量（g/hm²）	残效日期（d）	防除对象	适用树种
2,4-滴丁酯	果尔、割地草、草枯特	内、激、选、触、内、传	土壤、茎叶处理	乳油	900	7~30	双子叶、莎草科等阔叶杂草	针叶树
乙氧氟草醚			土壤、茎叶处理	乳油	150~300	60~90	禾本科、双子叶	针叶树、杨、榆、柳插条

表H.3 （续）

通用名称	商品名	性状	使用方法	剂型	用量 (g/hm²)	残效日期 (d)	防除对象	适用树种
乙羧氟草醚	阔咖、阔尔、阔歌	触	茎叶处理	乳油	30~45	10~15	阔叶杂草	
吡氟禾草灵	稳杀得	选、内、传	茎叶处理	乳油	150~750	30~60	禾本科杂草	
精吡氟禾草灵	精稳杀得	选、内、传	杂草3~5叶期,茎叶处理	乳油	75~180	30~60	禾本科杂草	
吡氟氯禾灵	盖草能	选、内、传	茎叶处理	乳剂	120~150	25~30	禾本科杂草	
精吡氟氯禾灵	高效盖草能、精吡氟甲禾灵	选、内、传	杂草3~5叶期,茎叶处理	乳油	33~95	25~30	禾本科杂草	
草甘膦	镇草宁、农达	灭、内、传	杂草萌发期、茎叶处理	水剂、可溶粉剂	1 500~3 000	120	单子叶、双子叶杂草	道路、休闲地
除草通	杀草通	选、内、传	土壤处理	乳油、颗粒剂	750~2250	40~50	禾本科、莎草科、双子叶杂草	
精喹禾灵	闲咖、精禾草克	选、内、传	杂草4~6叶时,茎叶处理	乳油	150~300	60	单子叶、禾本科杂草	
甲嘧磺隆	醚磺隆、蒜草净、林草净	内、传、灭	喷雾或制成毒土施于土壤中	可湿粉、悬浮剂	75~120	>700	禾本科杂草及阔叶杂草	
敌稗	斯达姆	选、触	春、夏茎叶处理	乳油	2 250~3 000	很快分解	单子叶、双子叶杂草	道路、休闲地
禾草丹	杀草丹、灭草丹、除草蒡	内、传、选	土壤处理	乳油、颗粒剂	1 500~3 900	20~30	单子叶、双子叶杂草	
烯草定	拿捕净	选、内、传	茎叶处理	乳油、可湿粉	225~1 200	28	一年生禾本科杂草	
氟乐灵	氟乐宁、氟特力	选、内、触	土壤处理	乳油、颗粒剂	750~1 500	20~30	禾本科杂草及部分双子叶杂草	杨、柳插条

表H.3 (续)

通用名称	商品名	性状	使用方法	剂型	用量 (g/hm²)	残效日期 (d)	防除对象	适用树种
茅草枯	达拉朋	选、内、传	播后苗茎叶处理,苗期土壤处理	可溶粉、水剂	6 000~9 000	30	禾本科杂草	针叶树、杨、柳插条
五氯酚钠		灭、触	播后苗前茎叶处理,杂草萌发期茎叶处理	颗粒剂、粉剂	15 000	5~7	单子叶、双子叶杂草	杨、柳插条、道路、休闲地
莠去津	阿特拉津	选、内、传	土壤、茎叶处理,杂草刚萌发期	可湿粉、胶悬剂	900~1 500	>180	禾本科、莎草科、双子叶杂草	针叶树类
除草剂一号	南开一号	内、灭	茎叶处理	可湿粉	750~1 125	30~90	一年生双子叶和单子叶杂草	道路、休闲地
草枯醚		灭、触	播后苗前土壤处理	可湿粉	1 500~3 000	40	禾本科杂草及部分双子叶杂草	针叶树、杨柳插条、白蜡等
喹禾灵	禾草克	选、内、传	茎叶处理	乳油、胶悬剂	120~450	>20	禾本科杂草	
灭草猛	卫农	选、内、传	土壤处理	乳油、颗粒剂	1 950~2 400	>300	禾本科、莎草科	
甲草胺	拉索、澳特拉索	选、内、传	茎叶、土壤处理	乳油、颗粒剂	3 000	30~60	一年生双子叶和单子叶杂草	
西玛津	丁玛津	选、内、传	土壤处理,播后苗前	悬浮剂、可湿粉	450~3 000	90~180	一年生阔叶杂草和部分禾本科杂草	针叶树类

注:内——内吸入杂草体内作用;激——植物激素作用;选——选择性杀草作用;传——杂草体内传导作用;触——触杀型杀草作用;灭——灭生性杀草作用;茎叶处理——把除草剂直接喷洒在杂草的茎叶上;土壤处理——把除草剂直接喷洒到土壤中或配成毒土施于土壤中;播后苗前——指播种(或扦插)以后,幼苗尚未出土(插穗尚未发芽)这段时间;苗期——指幼苗已出土(插穗已发芽),幼苗生长发育期间。

参 考 文 献

苍柏，李连伟，2013. 重瓣榆叶梅人工栽培丰产技术[J]. 中国林副特产（3）：71-72.

曹登基，2012. 城市绿地杂草防除研究[J]. 绿色科技（2）：63-64.

程晓福，张敏，殷小慧，等，2013. 宁夏六盘山金花忍冬良种选育与繁育技术[J]. 陕西农业科学，59（1）：254-256，267.

崔海光，2014. 园林植物播种育苗技术探讨[J]. 黑龙江科学，5（7）：82.

德央，2015. 试论园林树木整形修剪的时期与方法[J]. 西藏大学学报（自然科学版），30（1）：92-98.

丁占发，2012. 插穗生根的技术措施探讨[J]. 现代农业科技（16）：197.

杜姝睿，顾婷婷，潘林，等，2011. 香荚蒾组织培养快速繁殖的研究[J]. 河北林业科技（5）：5-7.

高建发，2009. 香荚蒾的栽培管理[J]. 特种经济动植物，12（7）：26-27.

哈特曼，1985. 植物繁殖原理和技术[M]. 郑邢文，译. 北京：中国林业出版社，

何海洋，彭方仁，张瑞，等，2016. 嫁接繁殖研究进展及其在林木遗传改良中的应用前景[J]. 世界林业研究，29（4）：25-29.

何莎，曾婷，易洪，等，2016. 园林绿化中的主要杂草及防除技术：以湖南为例[J]. 湖南农业科学（1）：53-55，58.

季孔庶，2004. 园林植物育种方法及其应用[J]. 林业科技开发（1）：70-73.

兰佩，沈效东，朱强，2015. 宁夏地区忍冬属植物观赏价值与景观应用研究[J]. 农业科技通讯（5）：324-329.

李明智，王克涵，2011. 浅谈园林苗圃的建设[J]. 天津科技，38（2）：58-60.

李庆卫，2018. 园林树木整形修剪学(第2版)［M］. 北京：中国林业出版社.

李幼平，2018. 暴马丁香播种繁殖及三种树形的大苗培育技术［J］. 中国林副特产(3)：46-47.

刘婧冉，杜长霞，樊怀福，2018. 植物嫁接砧穗愈合机制研究进展［J］. 浙江农林大学学报，35(3)：552-561.

刘文国，2015-02-05. 黄花暴马丁香嫁接培育技术［N］. 中国花卉报(4).

刘用生，宋建伟，姚连芳，1998. 嫁接技术在植物改良中的应用［J］. 生物学通报(2)：7-10.

苏雪梅，2011. 园林树木扦插繁殖研究进展［J］. 安徽农业科学，39(16)：9626-9628，9632.

谭炳祥，2018. 城市园林树木的修剪方法［J］. 黑龙江科学，9(5)：154-155.

王德芳，2015. 园林木本植物艺术造型研究进展［J］. 黑龙江农业科学(4)：166-169.

王韫璆，2007. 园林树木整形修剪技术［M］. 上海：上海科学技术出版社.

夏萍，闫双虎，2012. 香荚蒾播种育苗技术［J］. 河北林业科技(1)：97-98.

辛志元，2020. 现代园林苗圃的规划设计与经营探讨［J］. 农业与技术，40(6)：139-140.

颜启传，2001. 种子学［M］. 北京：中国农业出版社.

杨丽芬，2015. 论观赏植物常见主要病虫害及控制策略［J］. 北京农业(3)：39.

杨晓东，2005. 中国园林绿化苗木产业的现状和发展趋势［D］. 北京：北京林业大学.

杨秀丽，2012. 简述园林植物病虫害防治原理及方法［J］. 现代园艺(17)：75-76.

张梦霞，张艳红，2009. 国内观赏植物种子采收、储藏与催芽处理技术研究进展［J］. 辽东学院学报(自然科学版)，16(3)：241-248.

张文娟，2019. 常见园林树木育苗技术［J］. 现代园艺(21)：114-115.

张源润，白永强，余阳春，等，2003. 香荚蒾的扦插繁育技术［J］. 林业科技开发(2)：56.

赵东伟，2020. 探究当代园林苗圃转型与发展[J]. 农家参谋(16)：48.

赵瑞，沈永宝，2019. 林木扦插繁殖研究进展[J]. 种子，38（9）：
57-66.

庄雪影，2014. 园林树木学[M]. 广州：华南理工大学出版社.